ジョジョの奇妙な冒険が教えてくれる
最強の心理戦略

心理战高手

乔乔为什么总会赢

[日] 内藤谊人 著　周世超 译

机械工业出版社
CHINA MACHINE PRESS

图书在版编目（CIP）数据

心理战高手：乔乔为什么总会赢 /（日）内藤谊人著；周世超译. -- 北京：机械工业出版社，2024. 6.
ISBN 978-7-111-76024-5

Ⅰ. B84-49

中国国家版本馆 CIP 数据核字第 2024JM6721 号

机械工业出版社（北京市百万庄大街 22 号　邮政编码 100037）
策划编辑：梁一鹏　刘　岚　　责任编辑：梁一鹏　刘　岚
责任校对：曹若菲　薄萌钰　　责任印制：郜　敏
三河市宏达印刷有限公司印刷
2024 年 9 月第 1 版第 1 次印刷
128mm × 182mm · 6.375 印张 · 82 千字
标准书号：ISBN 978-7-111-76024-5
定价：69.80 元

电话服务	网络服务
客服电话：010-88361066	机　工　官　网：www.cmpbook.com
010-88379833	机　工　官　博：weibo.com/cmp1952
010-68326294	金　　书　　网：www.golden-book.com
封底无防伪标均为盗版	机工教育服务网：www.cmpedu.com

序　言

乔乔的台词里隐藏的“心理策略”

2016年年底，《乔乔的奇妙冒险》系列漫画书的全球累计销量超过了1亿册，乔乔系列已经连载了30多年，该系列的第8部《乔乔福音》现在还在漫画杂志上连载[一]，乔乔系列是一部深受粉丝喜爱、经久不衰的漫画书。

我从小就喜欢漫画，现在也订阅了2种少年漫画杂志周刊和2种少年漫画杂志月刊，也看了很多漫画的单行本。

我虽然读过了这么多的漫画书，但乔乔这部作品不论是在有趣程度上，还是独创性上，都是独一无二的。我个人觉得，其他的漫画作品无法跟乔乔相提并论。

读着乔乔这部作品，人们就会不自觉地被那种悬疑

㊀ 乔乔系列第8部已经结束连载，乔乔系列第9部于2023年2月开始连载。——译者注

电影一般不可思议的故事情节、无人能够模仿的画风以及独特的世界观所吸引。

作为一名心理学家，我总是不自觉地习惯于“这里用到了这样的心理学原理”的视角来看待作品。我发现，**乔乔漫画里所描绘的行为和台词中很多内容都是“基于心理学的心理策略”**。

我觉得乔乔是一部非常适合学习心理学的教材。这是一本由一个喜爱乔乔的心理学家为乔乔粉丝难以忘怀的“经典场景”和“经典台词”加入通俗易懂的心理学解说的书籍。

本书能让你一边回味着乔乔的世界，一边学习心理学的知识和技巧，是一本一举两得的书籍。

作为作者，我希望能够通过这本书让你对心理学产生兴趣。

接下来，请和我一起进入乔乔的世界。

内藤谊人

乔乔的家族关系表

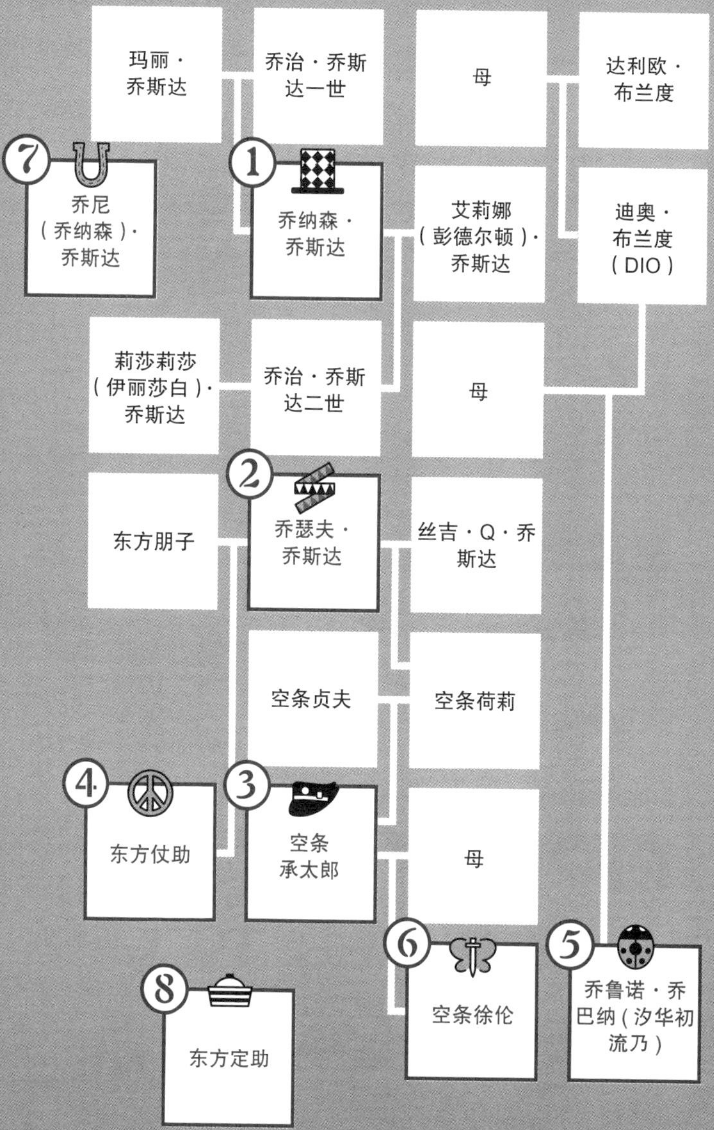
玛丽·乔斯达
乔治·乔斯达一世
母
达利欧·布兰度
7
乔尼（乔纳森）·乔斯达
1
乔纳森·乔斯达
艾莉娜（彭德尔顿）·乔斯达
迪奥·布兰度（DIO）
莉莎莉莎（伊丽莎白）·乔斯达
乔治·乔斯达二世
母
2
东方朋子
乔瑟夫·乔斯达
丝吉·Q·乔斯达
空条贞夫
空条荷莉
4
东方仗助
3
空条承太郎
母
6
空条徐伦
5
乔鲁诺·乔巴纳（汐华初流乃）
8
东方定助

故事梗概和历代乔乔主人公

第 1 部
幻影之血

乔纳森的好友迪奥因戴上石鬼面而变成了不死之身，乔纳森为了粉碎迪奥的野心，从老师齐贝林那里学习波纹（仙道）与之进行对决。

乔纳森·乔斯达（能力：波纹）

1868年出生于英国一个历史悠久的贵族家庭。和父亲一样，乔纳森以成为真正的“英国绅士”为目标，灵魂高洁，具有克服一切困难、伸张正义的强大内心。

第 2 部
战斗潮流

制作石鬼面的柱之男想要得到增强力量的秘宝“艾哲红石”，以乔瑟夫为首的波纹战士赌上人类存亡，与之展开生死搏斗。

乔瑟夫·乔斯达（能力：波纹）

1920年出生，住在纽约，乔纳森的孙子，由祖母艾莉娜抚养成人。虽有英国血统，但与乔纳森不同，乔瑟夫喜欢开玩笑，爱好女色，性格轻浮，但也有强烈的正义感，关键时刻会挺身而出，保护同伴。

第 3 部
星尘斗士

母亲荷莉受替身能力（替身能力为《乔乔的奇妙冒险》中的角色的特殊能力。——译者注）觉醒的影响，危在旦夕，承太郎为了救母，与各式各样的敌人战斗，并与祖父乔瑟夫和同伴们一起前往DIO（第1部中出现的迪奥还保持人的身份，使用“迪奥”来表述。因迪奥占据了乔纳森的身体，超出了人类的范畴，原著中第3部以后都是用“DIO”来表示。翻译过程中也遵循了原著的叫法。——译者注）所在的埃及。

空条承太郎（替身能力：白金之星）

1970年出生于日本，口头禅是“真是够了”，面临生命危机能够保持沉着冷静，冷酷的性格很受女学生欢迎。承太郎内心的正义感和觉悟，充分反映了乔斯达家族的血统，他实则是一个特别记仇的人。

第 4 部
不灭钻石

一场无人知晓的连续杀人事件在日本的S市杜王町悄然进行着。因祖父意外被杀，仗助为了查明事件原委，和同伴们四处奔走。

东方仗助（替身能力：疯狂钻石）

1983年出生，是葡萄丘高中一年级学生，父亲是乔瑟夫·乔斯达，辈分上是承太郎的叔父。性格开朗，待人友好，平常都是温厚的个性，但如果有人嘲笑他的飞机头发型，他就会大发脾气，谁都控制不了。

第5部

黄金之风

乔鲁诺为了实现自己的梦想，加入了意大利黑帮组织“热情”，和同伴一起打败了一个又一个刺客，逼近了充满谜团的老板的真面目。

乔鲁诺·乔巴纳（替身能力：黄金体验）

1985年出生，15岁，乔斯达家族的宿敌迪奥和日本女性所生的孩子，本名是汐华初流乃，因为他是占据了乔纳森肉体的迪奥的孩子，拥有乔斯达家族特有的正义感。

第6部

石之海

空条徐伦被其有钱的男友罗密欧陷害，被判处了15年的有期徒刑，这个案件本身是普奇神父为了陷害徐伦父亲承太郎而设计的陷阱。为了拯救记忆被盗而处于假死状态的承太郎，空条徐伦立誓要打倒普奇神父。

空条徐伦（替身能力：石之自由）

1992年出生，空条承太郎的女儿，性格叛逆，满嘴脏话，但与其父亲一样，沉着冷静且极具正义感，为朋友两肋插刀。乔乔系列中第一位女性主人公，其强韧的精神在历代乔乔主角中也是无与伦比的。

第7部

飙马野郎

1890年，赌上一等奖5000万美元的世纪大赛开始了，为了找回自己而参加比赛的乔尼意识到了比赛的真正目的是收集“圣人遗体”，与同伴杰洛一起，逼近神秘的瓦仑泰大总统的阴谋。

乔尼（乔纳森）·乔斯达（替身能力：獠牙）

乔尼原本是天才骑手，生于19世纪末的美国，19岁，因为事故导致下半身瘫痪，此后无法再骑马而过着落魄的生活。得知这场横渡北美大陆的世界大赛消息后，他决定参赛找回自己。

第8部

乔乔福音

东方定助被埋在大地震形成的神秘地面隆起物“壁之眼”附近，女大学生康穗救了他。丧失记忆的定助，为了知道自己是什么人，和康穗一起揭开自己的身份之谜。

东方定助（替身能力：软又湿）

突然出现在“壁之眼”的神秘青年，19岁左右，没有过去的记忆，被水果专卖店“东方水果店”的店主东方宪助收养，改姓为东方。性格悠闲但思维敏捷，具有出色的分析能力。

目 录

第3章 在博弈中占优势的心理策略

第4章 让人“行动起来”的心理策略

第5章 看得到“成长”的心理策略

第 1 章

让任何人都站在自己这边的心理策略

01

一次次地被动员，人就会有想做的欲望

真正的失败是什么？是那些忘记了开拓者精神，躲在他人身后，不去挑战困难的人们。

——《飙马野郎》第1卷 史蒂芬·史提尔

< 故事背景 >

横断北美 6000 公里的世纪之战开始了，比赛名称取自其组织者史提尔。他在比赛的记者会上说明比赛内容时，讲了上面那一番话。史提尔还说："这场比赛中没有失败者，只有冒险家。"他想说的其实就是，不断地去付诸行动才是正确的。

比如你是一个推销员，不管被拒绝多少次，都毫不气馁，第二天总是面带微笑地再次出现在客户面前。如果每天如此，最后客户可能只好说："好吧，你赢了。"然后看你到底想要推销什么。如果你在第一次被拒绝时就退缩说："啊！这样的啊！好的。"那么，你与那个客户的关系可能就到此为止了。

如果你不介意自己是否被拒绝，继续尝试和客户接触，最后可能会在意想不到的时候，与那个客户建立起良好的关系。**重要的是，即使对方说"不"，也不要在意。**

有时我们即使心里想去做，也会条件反射地说“不”。德克萨斯农工大学的夏伦·穆伦哈德（Chalen Muehlenhard）做过这样一个问卷调查，调查对象为 610 名女大学生。被问及“当有异性约你出去，你有没有过心里想去，嘴上却说‘不’的时候”，39.3% 的女性表示她们有过这样的经历。

女性即使愿意和某个人出去玩，也会说“不”来拒绝。其实不只是女性，男性也经常这样。比方说，同事们要张罗一起出去喝酒，有人邀请你说：“你也来吧！”即使想去，你可能也会拒绝说：“不，这次就算了。”男性也经常做这样的事情，但其实你也不知道自己为什么会拒绝，就是不自主地说了“不”。

在这种情况下，如果对方不是立即放弃说“哦，那好吧”，而是以稍微强硬的态度要求你一起出去，说“机会难得，你也来吧”，这时你可能会改变主意，说“既然你都这么说了，那我也去吧”，然后和同事们一起去喝酒。人们往往对那些多次来邀请他们的同事产生好感。

即使对方说“不”，也要再动员一下。因为其实他们心里也想去。

心理策略

▶反复说服——当试图说服别人的时候，往往不可能一次就成功，大多数情况下都需要进行多次尝试。即使是同样的话，多说几次就可以让对方感受到你的热情，也可以帮助对方更好地理解你想表达的内容，说服对方的可能性也就会越高。

02

通过一起做某事来和对方处好关系

我已经明白了：『幸福』其实就是，与人共享一段『回忆』。

——《乔乔福音》第2卷　东方大弥

〈故事背景〉

东方家的小女儿东方大弥发动了替身能力“加州大床”。这个能力是，如果对方“让大弥费心”的话，就会被夺走一个珍贵的回忆。作为替身能力的线索，东方大弥对“回忆”进行了这样的描述。

大弥说，回忆和自己喜欢的定助在一起的时刻，就会感到幸福。事实上，通过分享自己的回忆和行为能够获得他人的好感，这已经得到了心理学的证实。

下面我将告诉你们一个不论和谁都能立刻成为朋友的方法。那就是，邀请那个人一起做一件事情。俗话说“同吃一碗饭”，**人会在和他人一起做一件事情时，变得和对方更加亲密，交往也会更深。**

“我想和这个客户成为朋友”“我想和那个前辈搞好关系”，如果你有这样的想法，那就和那个人一起做点什么。这样一来，你们的关系就会越来越好。这其实也就是“亲近别人”的诀窍。

加利福尼亚州立大学的夏洛特·莱斯曼（Charlotte Reissman）做过这样一个实验，实验对象为53对夫妇。半数夫妇被要求在10周内两人共同进行某种活动，做什么都可以，可以去滑雪，可以去郊游，也可以去看演唱会；剩下的半数夫妇不要一起做任何事情。10周后，他们对夫妻关系进行了调查，发现一起做了某事的夫妇要比没有共同经历某事的夫妇关系要好得多。这说明，**“一起做某事”可以让彼此关系更加和睦。**

如果你想跟谁成为好朋友，和那个人一起玩也是很重要的。打高尔夫也好，喝酒也好，去KTV唱歌也好，什么事情都可以，只要你们一起行动，你们的关系就会变好。

大久保利通是明治维新时期著名的功臣领袖，他为了接近当时的领主岛津久光，努力学习了围棋。因为大久保利通知道岛津久光喜欢围棋，为了得到领主的信任，他刻意去学了围棋。这个战术非常成功，之后大久保利通不断地出人头地。

《钓鱼迷日记》㊀ 中的滨崎和铃木关系好，也是因为有“钓鱼”这个共同的爱好。一般情况下，员工和领导很难成为好友，但作为钓鱼伙伴的时候，公司里的职务身份就没有那么重要了。

心理策略

▶共同活动——也称为“共享活动”(shared activity)，一起做什么都可以，只要一起去做某事，就能使人际关系更加融洽。

㊀ 《钓鱼迷日记》为日本 80 年代到 90 年代脍炙人口的日剧，滨崎和铃木为同一公司的员工和领导。——译者注

03

不善交际的人更受欢迎

那么，乔乔，『勇气』到底是什么！？所谓『勇气』，就是去了解『恐惧』！并让『恐惧』成为自己的囊中之物！

——《幻影之血》第3卷 威尔·A·齐贝林

〈故事背景〉

在乔纳森和齐贝林男爵追踪迪奥，前往“风之骑士领”的隧道里，突然，载着乔纳森他们的马车车夫变身为尸生人[一]，齐贝林在传授乔纳森“战斗思考”方式时说了上面那一段话。

你擅长与人交谈吗？如果你觉得自己不擅长，甚至有困难的话，那你是非常幸运的。你可能会觉得为什么？不是不幸么？实际上有数据显示，**对人际关系感到不安、容易紧张的人，在人际关系上更容易取得成功。**这是一个鼓舞人心的结果。

这里的齐贝林男爵的台词也是如此，我们通常把感到恐惧看成是负面的事，但实际上刚好相反，正因为知道恐惧，人类才能成为万物之长，否则人类可能无法成为食物链顶端的高级动物。

美国圣地亚哥州立大学的布莱恩·斯皮茨伯格（Brian

[一] 乔乔系列中出现的被迪奥变成的僵尸。——译者注

Spitzberg）表示，自认交际能力（这也被称为“**人际交往能力**”）较差的人，实际上人际关系会处理得更好。

在人际关系上遇到问题越多，我们就越想去努力“理解对方的想法”。正因为如此，我们对心灵的洞察力和观察力才会得到提高。

心理学家容易给人一种“在人际交往上完全没有遇到过问题”的印象，但事实恰好相反。我身边的心理学家也是如此，很多心理学家都在人际交往方面感到过痛苦。

其实大多数心理学家都是因为出于“自己不擅长与人交往，怎样才能改善这种状况”的想法才成为心理学家的。正因为自己不受欢迎，才会深入思考“怎样才能受欢迎”这个问题。

那些说“在人际交往上没有任何问题”的人，不会去想要了解别人。因为他们觉得自己足以应对。

从结果来看，这种觉得自己足以应对的人，反而无法理解他人的心情，更有可能成为“不会察言观色的人”。

对人际交往没有自信，甚至感到恐惧的人，会好好观察对方，做到让对方挑不出任何毛病。

如果你觉得自己不太擅长与人交往，你应该觉得这是一件幸运的事。实际上也确实幸运，因为不擅长与人交往的人最后都能成为一个讨人喜欢的人。觉得自己有不足是件好事。正因为有这样的“问题意识”，才能促使人们不断成长，周围的人也会更欣赏这种不断努力的人。

心理策略

►人际交往能力——与人相处的能力，与社交技能、社会技能、社会智慧等基本同义。

04.

自卑让人更有魅力

没有『饥饿感』，就无法取胜。

——《飙马野郎》第7卷　乔尼·乔斯达

〈故事背景〉

乔尼认为，在比赛中跑在第一位的迪奥的强大在于他有饥饿感。乔尼告诉杰洛，后者所缺少的就是“饥饿感”。

古希腊的雄辩家德摩斯梯尼年少时说话结巴、不善言辞，他非常讨厌这样的自己。为了克服口吃，他付出了别人双倍的努力，最终成了著名的雄辩家。如果年少的德摩斯梯尼没有口吃，他不见得能成为一名雄辩家。

丘吉尔也因自己长相难看而感到自卑，这样的自卑一直折磨着他。为了弥补自己的丑陋，他不断磨练自己的演讲能力和表现力，最终当上了英国的首相。

这里出现的迪奥同样家境贫困，由母亲抚养长大。虽然受了很多苦，但他如今被称为“英国赛马界的贵公子”，这应该也是由于他对自己卑微出身的强烈反抗。

正因为有缺陷，为了克服缺陷，我们才会去努力。这在心理学上被称为“**补偿效应**”。为了弥补自己的缺陷，人们会在其他方面付诸努力，正因为有这样的想法，我们才能出类拔萃，才能成为有魅力的人。

如果你“讨厌自己长得像土豆一样的脸”，那就不要以成为冷酷的美男子为目标，不妨努力成为一个搞笑的人，这样也同样会得到别人的喜欢。即使是搞笑角色，只要你是一个对人友善的人，就不会有人讨厌你。就算不是美男子，人们同样也会喜欢上你。

我们不妨想一想，电影和电视剧中出现的演员都长相英俊吗？也不全是吧，也有很多长相有特点的演员和艺人。

如果你对自己的缺陷感到自卑的话，就让它成为改变自我的动力。反复纠结也不是办法，不如把自卑感变成更有建设性的动力。

自恋者觉得，不论头脑还是长相，自己都很出色，这样的人绝对不会受欢迎。

我想每个人都有很多对自身不满意的地方，但我们可以通过磨练其他能力来弥补，这样的话你会得到比别人都突出的能力。这也将使你成为一个更有魅力的人。

心理策略

▶补偿效应——努力克服自卑感，从而获得比别人更强的能力。

05

『敢于』和别人说自己的不幸

这个人的不幸，或许是另一个人的幸福

——《幻影之血》第1卷 达利欧·布兰度

〈故事背景〉

乔斯达爵士和妻子，以及尚为婴儿的乔纳森共同乘坐的马车从悬崖坠落。迪奥的父亲达利欧·布兰度趁他们昏迷的时候，偷走了马车上的财物。

日本有句俗语说“他人的不幸甜如蜜”，当我们遭遇不幸的时候，对方会想“还好不是我”，然后会产生幸福感。

这里介绍的达利欧·布兰度是《乔乔的奇妙冒险》中出现的典型的“自私自利的人”，但他说的这句“这个人的不幸，或许是另一个人的幸福”的台词中也蕴含了一些道理。

下面给大家介绍一个反过来利用这种心理，让对方感到“幸福”的技巧。

把自己的不幸讲给对方听，哪怕是假话也可以。表面上，对方可能会安慰我们“那真是太惨了”，实际上对方心里可能在偷笑。

比如，“我被女友甩了”“今早鸟粪落到我头上了”“我被客户狠狠地骂了一顿”……这样的话，都能让对方感到高兴。

德国曼海姆大学的普里兹·斯特拉克（Fritz Strack）做过这样一个实验，让两人组成一组，自由对话。但其中一方其实是“托儿”，“托儿”会描述自己遭遇的不幸。

实验结果表明，听到对方不幸的时候，另一个人明显会感到喜悦。“他人的不幸甜如蜜”其实在心理学上也已经得到了证实。

我很喜欢搞笑艺人绫小路君麻吕，他的段子好像是在取笑老年人，其实是在说自己的不好，他巧妙地通过贬低自己来让他人高兴。

但事实上大多数人的做法恰恰相反。人们往往说的是，自己有多能干，自己拿了多少工资，自己多受部下的信赖，这都是自吹自擂的话。

这种自我炫耀，旁人听起来也不会觉得多么有意思。

如果你想让对方乐意听你说话，就不要再自吹自擂了，而是去说一些自己的失败和自己搞砸的事情。

还有一个需要注意的地方，那就是愉快地去聊这些话题，不要说那些真的会让对方担心的不幸。其实也就是要愉快地、乐观地去化不幸为快乐。以“我现在虽然已经完全不在意了”为开场白，愉快地去说自己的不幸吧。这样的话，你很快就能吸引大家的注意。

心理策略

▶对比效应——我们心理的幸福感，其实是通过与他人比较产生的。因此，如果你敢于贬低自己，对方会因为自己的状况相对较好而感到高兴。

06

不在乎别人的目光

大多数人心中都有一把善意的枷锁！因此大多数人都无法采取过激的行为！

——《幻影之血》第3卷 迪奥·布兰度

〈故事背景〉

开膛手杰克是一个杀手，迪奥看穿了他那强烈的邪恶意志，为了引导杰克在邪恶的路上越走越远，迪奥把他变成了尸生人。

我们即使知道应该做什么，但在身边有旁人目光的情况下，也会变得无法行动。这在心理学上被称作“**旁观者效应**”。

迪奥对没有“善意枷锁”的开膛手杰克表示了肯定，因为他不在乎旁人的目光。

其实旁观者效应也限制了人们去“行善”。比如在拥挤的电车里有一个人张开腿，占了两个人的座位，导致其他人想坐也坐不了。在这样的情况下，有多少人能够去提醒那个占了两个座位的人呢？

导致我们无法行动的其实是旁人的目光，我们会因为在意别人对我们的看法，而失去行动的勇气。提醒那些给别人添麻烦的人，本身是一件好事，但如果有旁观者在的话，我们可能就无法行动。

意大利巴勒莫大学的康斯坦茨·艾伯特（Constanz Abbate）做过这样一个实验——走廊里有一名女性，抱着的大量书籍散落一地，周围的人是否会去帮她捡书？

实验结果显示，在身边没有其他人的时候，有25%的人都帮她捡了书，但如果五米外有其他人，选择帮忙的人数减少到了5%。这个实验说明了“旁观者效应”的影响力。

不知为何，我们在有人旁观时就会变得没有勇气。这时我们可以试着对自己说“我不在乎别人怎么想”，果断地采取行动。想想身边如果有人看到你这样有勇气，肯定会对你抱有好感吧。

之前有一本叫《电车男》的书非常畅销，还被翻拍成了电视剧和电影。故事讲述的是，一个宅男在电车里帮助了遇到困难的女性，然后两人开始交往的故事，这其实也是一个无论是谁只要拿出勇气，一定能赢得好感的实例。

忘掉身边的人，即使他们就在那里。**采取自己觉得正确的行动，不去在意旁人的目光。**

老是看别人的脸色，你就无法行动自如。尽量不要去在意旁人，这样就可以减少“旁观者效应”的影响。

心理策略

▶旁观者效应——当周围有其他人时，即使是正确的行动我们可能也不会去做。如果有人在我们面前倒下，身边要是没有其他人，我们大概率会去帮忙，但是如果附近有旁观者，我们可能就会袖手旁观了。

07

站在对方立场上思考

如果我和你处于同样的境遇，

说不定会做同样的事……

——《幻影之血》第2卷　乔治·乔斯达一世

〈故事背景〉

达利欧·布兰度偷走了乔斯达爵士的钱财和其妻子的戒指。当达利欧被抓，乔斯达爵士来监狱见他的时候，乔斯达原谅了达利欧的罪行。

乔斯达爵士并没有责备偷走亡妻戒指的达利欧·布兰度，不仅如此，乔斯达还辩护说戒指是送给达利欧的，达利欧是无辜的。

乔斯达为什么这样做，正如他所说的："如果我和你处于同样的境遇，说不定会做同样的事（偷盗）。"**像乔斯达这样，站在对方的立场考虑问题，是人际交往成功的关键。**

当我们与别人发生争执时，大多数情况下我们都只站在自己的立场上考虑问题。我们往往会从自己的立场出发，做出对自己有利的解释，进而导致了"根本就不是我的错，都是他的错"这样的结论。这容易让争执持续很长一段时间，还会在人际关系中留下"疙瘩"。

但是，如果站在对方的立场上来考虑问题，结果又会如何？“确实，假如我碰到这样的事情，也会感到不舒服。”这么想的话，可能我们就不会那么责怪对方，甚至想是不是可以原谅对方。

澳大利亚拉筹伯大学的丽莎·霍格森（Lisa Hodgson）将站在对方的立场上思考事物称为“**观点采择**（perspective-taking）”。“观点采择”指的是“站在对方的立场”或“理解对方的观点”。她指出，能够做到“观点采择”的人，即使和对方关系变差了，也能马上修复这段关系。

日本福祉、介护专业的学生培训时都要在手脚上戴上限制自己行动的械具，目的是为了让他们切身感受残疾人在日常生活中的不便。戴上限制行动的械具，切身体验了行动不便后，他们能更好地理解残疾人的感受，达到感同身受。

我们也可以磨练自己换位思考（观点采择）的能力，把自己想象成某个人，试着感受一下那个人是如何看待事物的。

“如果我是社长，我会怎么想？”“如果我是客户，我会怎么想？”推荐大家去尝试一下这样的角色扮演（Role-acting），这将磨练我们的换位思考（观点采择）能力，也可以让他人喜欢上你。

心理策略

▶观点采择——有时在日语里也被翻译为“视点取得”“视座取得”等，是指从对方的角度考虑事物，容易与他人产生共鸣的人都有这个能力。

08

通过频繁联系取得对方信任

筛选成员的时候最重要的是『信赖』！不管一个人多么聪明、多有能力，如果他无法让别人信赖，在我眼里就等于废物！

——《黄金之风》乔乔系列总第48卷　波尔波

〈故事背景〉

波尔波是名为“热情”的组织头目，波尔波给主人公乔鲁诺布置了最难考验——“组织入团考验”。在考验开始前，波尔波问乔鲁诺“信赖是什么”。

“他很可靠”“事情交给他就放心了”如果你被人深深信赖，你就会成为“不可或缺的人”。

波尔波告诉乔鲁诺，对于组织来说，最重要的是“信赖”。为了确保在背后也不会被背叛，表现出信赖是很重要的。

那么，怎样才能取得别人的信赖？我们可以通过频繁联系来取得这份信赖。

对那些既不和我们打招呼，也不跟我们说话的人，我们是不会抱有信赖感的。即使没有什么事，也会经常来跟我们打招呼的人，我们会给予信赖。

保险的外访专员和销售员也是如此，时不时去客户那里露面，频繁与客户交流的人，业绩一般都不会差。

因为对于那些常去客户那儿露面的销售人员，客户经常见到他，就会把他当成“自己人”，有安心感，这直接与“信赖”挂钩。比起一年只露一面的营业员，每个月露五次面的营业员，更容易得到客户的喜爱。

如果确实很难抽时间去探访客户的话，我们可以给他们发邮件或者写信。**频繁联系是获得信赖的关键。**

得克萨斯大学的萨卡·扎文帕（Saksa Jarvenpaa）做过这样一个实验，他从 28 个国家招募大学生，旨在互联网上建立一个“新型服务业”。大学生们彼此之间互不相识，他们通过邮件交流并在 4 周内提出对新型服务业的想法。

在项目结束的时候，扎文帕测试了小组成员之间的“信赖度”，发现在彼此信赖的基础上执行项目的小组都有一个共同特征。那就是“邮件的频率”。在彼此信赖度高的团队中，4 周内平均的邮件交流次数为 166 次，而彼此信赖度低的团队，4 周内平均邮件交流次数只有 119 次，邮件交流的“频率”不高。

此外，研究还发现，在信赖度较低的团队中，邮件的内容都不长，如“好的”“快给点主意”这样冷淡的信息居多，而在彼此信赖度高的团队中，成员的邮件篇幅往往都比较长。

只是等着对方跟你打招呼是不够的，你应该主动去和别人打招呼，**只有做好这一点，你才能获得大家的信赖，成为一个值得信赖的人。**

心理策略

▶沟通频率——与沟通质量一样，都是确定人际关系的因素之一。交流的次数就是沟通频率，交流内容的深度就是沟通质量。

09

把你应得的分给别人

敢于交出一切的人，才能获得一切！

——《飙马野郎》第12卷 休葛·曼登

〈故事背景〉

一个名叫休葛·曼登的少女住在泉水边的一棵大树上。她这样描述在（这里）会面临的困境：所有掉进泉水里的东西都可以变成非常昂贵的东西，但必须在夜幕降临前用完，否则东西的主人就会变成泉水的“守护者”，之前作为看守人的人就可以解脱。

乔尼和杰罗放弃了对他们最重要的，也是不想失去的“圣人的遗体”，但是根据泉水的规则，他们得到了获得一切的资格。人际关系也是如此，有舍弃才会有收获，我们会收获他人的“好意”。

有一个叫“10 枚硬币”的心理测试游戏，用于测试人的同理心、亲和力和好感度。

“如果有 10 枚硬币，我们 2 个人来分，应该怎么分？”一个人分 5 枚是最公平的，但招人喜欢的人，往往会分给对方更多，比方说给对方 6 枚或 7 枚，他们会说“我自己要 3 枚就可以了”。

这个测试经常被用于心理研究，不过大体上结果都一致。只给对方很少硬币的人，一般都不招人喜欢。

加拿大不列颠哥伦比亚大学的丹尼尔·斯卡里奇（Daniel Skarlicki）做了一个实验，要求10枚硬币只给对方2枚，结果遭到对方的讨厌。

与他人分享东西的时候，正确的做法是多给别人。

和同事们一起吃饭的时候，让别人多吃点多喝点才是正确的。当需要分担饭钱的时候，你可以尽量多付一点，这会给对方留下一个好印象。

大家一起出去吃饭，结算饭钱的时候，往往有那种精打细算的人，甚至使用计算器，精确到1日元、10日元。

这样的人可能是一个公平的人，但他不会得到别人的喜欢，因为他会给人一种吝啬的印象。

即使是自己买来的巧克力，和别人分享的时候，也应该只拿一块，剩下的都给别人，这样才会被大家喜欢。

给别人他们想要的东西，自己多留一些别人不想要的东西，如果能做到这一点，大家都会喜欢上你。

心理策略

▶分配——把有限的资源分给两个或多个成员的行为，经常被用于谈判游戏、信赖游戏等。

10

『表面的交往』也无妨

现在这个时代只看表面，每个人都只是假装遵守规则，装出表面的美善。

——《乔乔福音》第4卷　东方常秀

〈故事背景〉

“那条路是只要你走，就一定会被人勒索钱财的勒索之路，”常秀说，“在那条路上勒索我的高中生，看起来就是优等生。”

正如常秀对定助的忠告一样，我们不能被事物的表面所蒙骗，但我们也不能否定事物的“表象”。

比如有人说，“人际关系不能只有表面上的交往”“不深入接触和了解对方，就不能称之为人际关系”。

但是，如果我们试图和所有人都进行深入的接触和了解，无论花费多少时间和精力都不够。确实，如果能够建立起深入交往的关系是一件非常好的事，但在现实中是很难的。

如果你想和很多人建立友好的关系，就会变成表面的、肤浅的人际交往。

尽管如此也不用担心！**人际关系在某些情况下，即使只是表面的关系，也能让人感到幸福，**这在心理学上也得到了证实。

加拿大不列颠哥伦比亚大学的吉利安·桑德斯特罗姆（Gillian Sandstrom）在她某门课的最后一堂课上，以 242 名大学生为对象，调查了他们所知道的上同一门课的同学的名字及相互之间的交往程度。

结果发现，被调查的人际交往中 64% 的人属于“单纯的表面交往”。但这不是重点，重点是，尽管只有表面的交往，结交的同学越多，感受到的幸福度就越高。

这说明“表面的交往不可取”的观点是大错特错的。**实际上虽然只有表面的交往，但只要能和更多人结交，人就会更幸福。**

即使没有密切的交往，只要频繁发邮件，在社交网络上进行互动，偶尔打个电话，或每年寄一次新年贺卡，这样就足以建立起令人满意的人际关系。没有必要努力去和每一个人都进行密切的交往。

当然，虽说是表面上的关系，也需要你能做到打招呼、保持联系之类的能够表现出“我一直记得你”这类的行为。这样一来，人际关系就会变得轻松很多。

心理策略

▶表面的交往——与“弱羁绊”（Week tie）大致同义，没有积极的深入的联系，只是“单纯的熟人”。

专栏

如果你想付诸行动，就不要和别人商量

去做你想做的事情的最好方法是，不征求意见直接去做。尤其是做一件新的事情的时候，不应该向别人征求意见。

因为你一旦和别人商量，基本上都会遇到各种劝说，受到各种劝阻，最后让你不想去做了。

哈佛大学的罗伯特·基根（Robert Kegan）在其著作《那个人为什么不答应》中建议先行动起来。

你可以先抓住几个熟人，试着和他们商量一下“我想创业”。大多数人都会阻止你说“再考虑一下吧”“还是放弃比较好吧”。

促使人行动起来的要点中，“干劲”是非常重要的因素。等你听完了众人“别干这个”“不要鲁莽行动”的观点轰炸后，自然就没有干劲了，这让我们付诸行动变得更为困难。

我认为，当你想要行动的时候，马上行动才是最重要的。

第2章

将不利转为“机遇”的心理策略

11

迅速举起白旗

看到有利时机前，不要战斗！

——《星尘斗士》乔乔系列总第16卷 花京院典明

<故事背景>

两只手都是右手的男人J·盖尔和荷尔·荷斯两人一起杀死了阿布德尔。同伴被杀，加上妹妹被杀的怨恨，让波鲁纳雷夫怒上心头。

我们都不喜欢刻意挑刺的人，当有人反对你的意见时，换作谁都会心里不舒服。我建议大家，快要和别人吵起来的时候，尽早离开战场。

“好吧，你说得有道理。”“原来如此，这么来看，你说得对。”“果然是我弄错了。”像这样赶紧投降，承认失败。

重要的是，尽快卷起尾巴投降。这样对方还能觉得你是一个“可爱的家伙”。为了避免陷入没有必要的争吵之中，建议大家尽早退出输赢之争。

开始你可能认为“我们只是交换一下意见”，但很快愤怒就会涌上心头，导致无法冷静处理问题。

这里引用的台词也是面对同伴阿布德尔在眼前被杀

波鲁纳雷夫怒上心头，在完全没有战术和胜机的情况下，却想要去追击敌人，花京院上前阻止他。被敌人荷尔·荷斯挑衅的波鲁纳雷夫这时已经顾不上那么多了。

争吵这种事，越争吵越激动，不想输给对方的心情会越强，也越来越难以承认自己的失败。夫妻间发生口角也是如此。

华盛顿大学的约翰·戈特曼（John Gottman）将这种本来打算冷静交谈，渐渐失去冷静，最后气氛都变得紧张起来的现象，称为**"愤怒的升级"**。

在"你来我去"的争吵过程中，两者都落到了无法退让的地步，这样一来，就更难承认自己失败。在争吵的最初阶段，还没有生气上头的时候，我们可以轻松地承认失败。

当你觉得可能会吵起来的时候，应该采取措施避免争吵，然后在适当的时候，承认对方是正确的，进入和解状态。**通过承认失败，实际上你得到的是一个"接近胜利"的立场。**

心理策略

▶愤怒的升级——在双方关系中，任何一方的愤怒都会传递、感染给另一方。当一方开始烦躁时，另一方也会跟着烦躁起来，然后双方陷入易怒的状态，这个现象被称为愤怒的升级。

12

改变视角，危机也能成为机会

化危为机，这人好精明！

——《战斗潮流》乔乔系列总第8卷 莉莎莉莎

〈故事背景〉

乔瑟夫想在莉莎莉莎安排给他的修行过程中作弊，结果被高压喷出的油射中，然而他却利用这种“不利”，一口气爬到了柱子顶端。

相扑比赛中，被逼到相扑台边可能是一个危机，但对于一直寻找攻击机会的相扑力士而言，这其实是一个机会。

对乔瑟夫而言也是一样。作为修炼波纹的一环，莉莎莉莎让乔瑟夫去爬地狱升柱，乔瑟夫想通过作弊来取巧，结果中了莉莎莉莎防止作弊的陷阱。在本来就很难攀登的柱子上，油像高压切割机一样喷了出来，但乔瑟夫反过来利用了这点，像冲浪一样，在短时间内成功地爬上了柱子顶端。

是危机，还是机会，归根结底取决于你怎么去看待它。我们应该把注意力放在事物的哪个方面，这点非常重要。

假设你生病了，需要做手术，这个时候，如果医生告诉你这个手术“600人中有400人会死”，你会怎么想？像这样把注意力放在风险上，换作谁都会犹豫是否接受手术。把注意力放到事物的风险上，在心理学上叫作“**风险感知**”。

反过来，如果医生告诉你说这个手术“600人中有200人活下来”的话，会怎么样呢？虽然概率是一样的，但在这种情况下，你可能会鼓起勇气表示自己愿意接受手术。

把注意力放到事物的风险上，无论什么情况看起来都会充满危机。但如果你可以换个角度，危机就会成为机会。

加拿大卡尔加里大学的谢尔顿·金伯格（Sheldon Goldenberg）在报纸上招募了刚被公司裁员的人，对他们进行了问卷调查。

被公司裁员可能会很难受，毕竟收入来源都没有了，很明显这是一个危机。但调查问卷显示，11%的人并没有觉得这是危机，反倒觉得这是“换工作的好机会”，而且这样的人在寻找新的工作时也很积极。

不管你处在什么情况下，不要将其看成是一个危机，而应将其看成是一个机会。**只要你认为这是一个机会，你就真的可以利用好这个机会。**

心理策略

▶风险感知——面对同一件事情，会感受到多少风险取决于每个人的感受，这时对有多少风险的判断叫作风险感知。有研究表明，乐观的人对风险的感受相对弱，而悲观的人容易过度放大风险。

13

身体不适时，得过且过

我们现在要做的是快跑！

——《战斗潮流》乔乔系列总第12卷 乔瑟夫·乔斯达

<故事背景>

在与卡兹的最后决战中，无计可施的乔瑟夫最后采取的“秘计”竟然是“逃跑”。实际上，这是乔瑟夫想出来的不让普通人卷入这场灾害的妙计。

经济有景气和不景气的时候，人的身体状态也有起有伏。

如果我们能一直保持良好的状态当然是最好不过了，但现实中往往很难实现。每个人都会有好坏起伏的身体状态，即使是职业运动员，也有状态好和状态不好的时候。

人的精神状态和身体状态也存在这样的起伏。这样的起伏叫作“**生物节律**”。

我们身体的“体力生物钟”的周期一般为23天，有时候觉得身体轻盈，感觉状态非常好，有时候又会觉得身体无力，容易疲劳，还容易感冒。身体这种有节奏的起伏基本上以23天为一个周期。

我们的情绪也有一个以28天为周期的“情绪生物钟”，有时候老觉得烦躁，有时候心情又会特别愉快，这些都是受“情绪生物钟”的影响。

还有的时候我们会觉得头脑非常清醒，有特别高的判断力和决策力，这其实是受33天为周期的“智力生物钟”的影响。

每个人都会受到这三种“生物节律”的影响，首先我们要知道自己状态好坏的时机，现在也有输入自己的出生日期就能计算生物节律的网站，我们可以事先查一查自己的生物节律。

知道了自己的生物节律之后，我们就可以根据自己的生物节律来安排工作。比方说如果月末你的体力生物钟和智力生物钟都会进入低谷的话，那么你应该在上半月，也就是在状态好的时候争取完成大部分工作。

当你已经进入了状态不好的阶段时，不要过度努力，而是适度地得过且过。我们可以在状态不好的时候，去使用状态好的时候努力积攒的“存款”。因为状态不好的时候，做什么都做不好。

这里乔瑟夫的台词展现的也是“既然现在情况不妙，不如先离开这个地方”的想法。面对已经得到了不死的身体，成为“地上最强生物”的卡兹，乔瑟夫选择先逃跑。乔瑟夫之所以出色，也正是因为他不会感到沮丧吧。

先把一切重置，再考虑其他方法。如果已经到了状态不好的阶段，不如想开点，想一想如何顺利度过这个阶段，甚至是如何轻松地渡过。

如果事先可以知道自己的状态的话，你就可以随心所欲地控制好它。状态不好的时候，可以先离开战场，等你状态好的时候再来一拼胜负。

心理策略

▶生物节律——我们的智力、情感、身体状态成周期性规则变化的假说。

14. 掌握过的技能都不会白费

你以为我只是胡乱地跑来跑去么？
我跑是为了取你的性命。

——《星尘斗士》乔乔系列总第16卷 乔瑟夫·乔斯达

<故事背景>

在贝拿勒斯的街道上，乔瑟夫的胳膊上长出了疙瘩，痒得不行。疙瘩慢慢成长，最终变成了一个小人，其正式身份是替身能力的“女帝”。乔瑟夫在逃亡过程中，一直在思考打倒“女帝”的作战计划。

你做的工作绝对不会白费。即使做其他工作，这段工作经历也一定会在新工作中起到作用。

不要有“即使掌握了这门技术，好像也用不上”的想法，你学习到的知识和技能，绝不会白费，肯定能有用得上的地方。所以，不管是什么工作，我们都应该认真对待。

福泽谕吉曾努力学习荷兰语，可到了横滨的时候，发现外国人说的都是英语。可能大部分人都会因自己学的荷兰语完全用不上而感到沮丧，但福泽谕吉却没有这么想，他立刻开始学习英语，并且很快就掌握了英语。

虽然荷兰语和英语不同，但二者同为“语言”，福泽谕吉通过荷兰语的学习，掌握了学习语言的方法。已经掌握了荷兰语的福泽谕吉在学习英语的时候没有费太大力。

和福泽谕吉的事迹一样，你所学到的东西总会在某个地方发挥用处，这叫作“**学习迁移**”。

乔瑟夫在乔乔第 2 部中掌握了波纹，从第 3 部开始，替身能力成了主要战斗手段，但乔瑟夫偶尔也会在与敌人的战斗中使用波纹能力。这段情节说的是，乔瑟夫展现了熟练的战斗技巧，他想证明自己虽老犹健。

法国卡昂大学的 L · 科拉德（L Collard）做过这样一个实验，让体育教师去尝试自己从来没有做过的运动，如蒙上眼睛自由泳，看他们能不能够做到。体育教师都接受过基础训练，他们在学习新事物时，能够进行学习迁移。

如果你会双板滑雪的话，也能比较轻松地掌握单板滑雪。虽然双板滑雪和单板滑雪所需要的技术有很大的不同，但比起从零开始学习单板滑雪的人，有双板滑雪经验的人进步得更快。

一个认真学过钢琴的人，也能很快掌握其他乐器。虽然细节上有所不同，但只要掌握了一门乐器，其他乐器也能信手拈来。

我们掌握的任何知识和技术，都不会浪费。

销售中学到的技巧，在其他地方也能起到作用，比如在社区集会上总结大家的意见，与邻居沟通交流，甚至还可用于孩子的家长联合会。

人类的学习都不会白费，所以我们需要做的是，不管是什么事情，都贪婪地去学习吸收。不要觉得“这种东西和我没有关系”，而是无论什么都去积极吸收。

心理策略

▶学习迁移——某个领域的学习对其他领域的学习也有影响，如果你在某个领域进行了学习，在其他领域的学习也会变得相对轻松。

从失败挫折中学习

不执迷于『胜负』，不让自己有绞尽脑汁的『烦恼』，不让自己有夜不能寐的『敌人』。这就是我的处世之道，这就是我的幸福……

——《不灭钻石》乔乔系列总第37卷　吉良吉影

<故事背景>

胖重[㊀] 不小心拿错了被吉良吉影杀死的女性的"手"，吉良吉影害怕自己的罪行暴露，想要杀死一无所知的胖重，对其穷追不舍。

第4部中出现的杀人犯吉良吉影的人生目标是不引人瞩目、平静地生活，也是为了不暴露自己"忍不住去杀人"的兴趣爱好。当然，杀人犯持有的这种强烈动机要另当别论，一般人也不会有这样的动机。

那么，应该如何培养一般人在面对失败和挫折等强烈的压力时，完全不为所动的意志力？

我们应该反过来，让自身投入到一种能够感受到压力的环境中。因为只要我们经历了压力，努力克服它，我们对压力就会产生"**心理弹性**"（耐性）。

在人际关系中也是如此，最好能够让自己一直感受到压力。如果一个人因为嫌麻烦而避开社交，最后会变

㊀ 乔乔第4部人名昵称，全名为矢安宫重清。——译者注

成一个无法承受精神压力的人。

德克萨斯大学的莉莎·涅夫（Lisa Neff）做过这样一个研究，对61对结婚半年以内的新婚夫妇进行长达两年半的追踪调查。

结果发现，结婚后的头几个月内，一些夫妇感觉到中等程度的压力，克服了压力之后，他们就不怎么会感受到压力了。涅夫将这种现象命名为“**免疫效应**”。

这就和打流感预防针一样，如果感受到了中等强度的压力，获得了对抗压力的“免疫力”之后，即使碰到再大的压力也能安然无事。

顺便说一下，涅夫的实验显示，如果一开始太幸福，完全没有感受到压力的夫妇，无法进行这样的压力训练，之后很有可能因为一点小事导致夫妻关系破裂。

人际关系冲突确实是一种精神压力，但换个角度来看，也可将其看成是一种精神训练，帮助我们克服精神压力。

其实什么事都是这样，不能逃避。因为从逃避中我们什么都学不到。**只有身处逆境，我们才能获得将逆境变成机会的能力。**

心理策略

▶心理弹性——也叫作抵抗性、顽强性，它意味着你是否能承受压力，这是一种在反复经历精神压力的过程中，渐渐感受不到压力或者精神恢复更快的现象。

▶免疫效应——一旦经历了某种精神压力后，就能抵抗更强的精神压力，对压力产生免疫，所以被称作“免疫效应”。

16

通过细化目标来实现梦想

登山的时候你不知道路线，甚至都不知道山顶在哪里的话，肯定会遇到困难！肯定的！就像喝了可乐之后会打嗝一样！

——《星尘斗士》乔乔系列总第27卷　乔瑟夫·乔斯达

〈故事背景〉

经过漫长旅途的承太郎一行人终于抵达了 DIO 的房间，但发现棺材里的 DIO 已经消失了，不知何时棺材里的人变成了 DIO 的手下。一行人本能地感觉到了危险，立刻冲出了房间。

在《乔乔的奇妙冒险》中，乔瑟夫是一个狡猾的角色，从第二部中展现出的巧妙策略可以看出，他设想到了各种情况，非常缜密地制定了对策，而且为了能应对这些情况，他针对每一种情况都设定了详细的目标。

如果你也想达成目标的话，首先要明确自己的目标。如果目标不明确，我们就无法采取任何行动。

明确了目标之后，接下来就制订每天的具体计划。这个时候，重点是尽量把应该做的事情进行细分。**目标大一点也没有问题，但我们采取的行动计划必须是细致的，这样才能更好地实现目标。**

我们爬山的时候，也并非一条直线从山脚直接到达山顶。直线可能会缩短距离，但过程会变得非常艰难。大部分山路基本上都是斜着的，斜着的路相对平缓，爬起来也会更轻松。

为实现目标而努力时，我们也需要考虑怎样才能轻松地实现目标。能帮我们实现目标的就是细化行动计划的“碎片化时间管理法”。

如果让我们一口气吃完一大块瑞士奶酪，我们可能会失去胃口，吃不下去。但是如果让我们每天切一小片，即使是再大的奶酪，最后也能吃光。因此，这个方法也被称为“瑞士奶酪工作法”。

斯坦福大学的阿尔伯特·班杜拉（Albert Bandura）曾做过这样一项实验，让 40 名 7~10 岁的孩子做一套算术习题集。实验过程中，给一半孩子的指令是“每天做 6 页”的小目标；给另一半孩子的指令是“完成总计 258 页”的大目标。实验结果显示，被指示每天完成小目标的小组中，有 74% 的孩子能够坚持到最后，但被指示大目标的孩子只有 55% 能坚持到最后。

我们如果只看大目标的话，好像就会莫明其妙地不想做，甚至会感到气馁，觉得“这么大的目标怎么都做不完”。**目标可以很远大，但是一定要细分我们的行动计划。**

心理策略

▶碎片化时间管理（瑞士奶酪工作）法——将大量的作业分割之后再着手实施的方法，也有分割法、萨拉米香肠战术等叫法，思路都是一样的。

专栏

想到异性就会有干劲

如果你完全没有干劲了，你可以想一想异性。对男性来说尤其如此，从进化的角度来看，想到异性可以有助于分泌男性荷尔蒙，让男性变得更有攻击性和竞争性。想到异性，会不断激发出“我怎么能输”的干劲。

自古以来就有“英雄好美色”的说法，“恋爱情感”在商务场合也非常有效。

美国佛罗里达州立大学的萨拉·埃因斯沃斯（Sarah Ainsworth）曾做过这样一项实验，研究者谎称这是一项“记忆人脸的实验”，给实验对象看了好几张迷人的异性照片。

在后续的实验中，让同性之间进行竞争游戏。实验结果表明，之前看过异性照片的男性，都变得非常有竞争性，会变得非常努力。而女性并没有这样的倾向。

男性都有点别有用心的特质，联想到女性，他们身上“决不能输给其他男人”的情绪就会高涨。

第3章

在博弈中占优势的心理策略

17

说服不需要逻辑上的正确性

乔乔！你调查那包药，就是在质疑我们的友谊！你会失去友情的！

——《幻影之血》第1卷 迪奥·布兰度

<故事背景>

迪奥为身体不适的养父乔斯达爵士送药，乔纳森怀疑这是企图杀害自己父亲的手段，伸手去抓药。陷入困境的迪奥一把抓住了乔纳森的手，向其质问两人的友情。

我们会对强者言听计从。这是因为如果反抗的话我们不知道对方会做什么，我们会因为感到恐惧而别无选择，只能顺从。这种心理上的战术被称为**博弈**，为博弈而产生的技巧统称为“**高压攻势**”，这一章中，我们将介绍这样的技巧。

迪奥想用毒药杀害养父乔斯达，怀疑到这一点的乔纳森想要调查药物成分，迪奥说了上面的那一番话，并威胁乔纳森说，“你怀疑我，你将失去我们之间的友情”。

其实也并不是说检查了药，就会立刻失去友情。但迪奥这么一说，会让乔纳森很难下决心去调查那个药。

举个例子，男生对女友说“如果你爱我，就和我发生关系”，这同样也是心理勒索。并不是没有性关系，就没有爱。但男友这种强迫的话，女生是很难拒绝的。因为如果不和男友发生关系的话，就会被认为对他没有感情。

这种前提和结论之间完全没有任何逻辑关系，但以此来逼对方做事的做法，在拉丁语中被称为“**不合逻辑的推论**”（non sequitur），迪奥对乔纳森用的也是这个方法。

其实，我们很少去考虑前提和结论之间的逻辑联系。所以，即使对方从一个奇怪的前提引出一个奇怪的结论，也有不少人会信服。

比方说有这么几种不合逻辑的推论，“你不借钱给我，就是不相信我”“你不学习，就是不喜欢妈妈了”“你拒绝加班就是对公司不忠诚”。当我们被这样威胁时，可能也会琢磨“是这样的么”，但最后还是会被巧妙地骗进去。人有时本来就很难进行逻辑性的思考，我们并不能马上判断出前提和结论在逻辑上是否一致。**对**

方这么说的话，我们也会莫名其妙地觉得就是这样。

这种心理勒索的技巧，用在逼迫对方的时候是有效的，但应该注意不要将这个技巧用去做坏事。

心理策略

▶不合逻辑的推论——说服战略之一。通常说服别人时，为了支撑结论，一般需要有逻辑上一致性的理由（论据）。这里的不合逻辑的推论指的是以错误的理由强行引出结论的做法。

18

不要听别人的意见

我已经决定不去听那些我不想听的言论了。

——《乔乔福音》第2卷　东方定助

<故事背景>

一直追寻着自己真实身份的定助，终于来到了和自己长得一模一样的吉良吉影的房间。

完全不听对方的意见也是谈判技巧之一。我们单方面提出要求，表现出“这就是我们的条件，不能接受的话，就不谈了”的强硬态度。

这可能听起来有点咄咄逼人，但作为展示自己力量的手段，这是一种非常有效的技巧。

定助在追寻自己的身份谜团时，面前出现了一个叫笹目樱二郎的冲浪运动员，定助认为这个男人是解开自己身份谜团的关键，为了“让他说出真相”，定助对他采取了这种强势的态度，这也可以说是一种**“高压攻势”**技巧。

荷兰乌特勒支大学的阿科·卡尔玛（Arco Kalma）做了这样一项实验——同性别的两人或三人组成小组进行讨论。讨论自然就会有胜负，卡尔玛调查了讨论中容易获胜者的特征。

调查结果显示，获胜者的最大特征就是强硬的态度。完全不听对方的话，只是单方面地说出自己意见的人，更容易在讨论中获胜。重要的是，对方一开口，就立马还口，不给对方说话的机会。这种技巧被称为“心理干预”。

如果你正在说话，对方想要提问，你就可以说“现在是我在说话”，以此让对方安静，这也是讨论中获胜的有效方法。

“铁娘子”撒切尔夫人（Margaret Thatcher）也以强硬的态度立场而闻名。英国约克大学的彼得·布鲁（Peter Bull）曾研究过撒切尔夫人是如何回答记者提问的，她不会去回答她不喜欢的问题，反而采取完全无视的态度，还会打断记者的提问，说，“这种假设性的问题无法回答”，甚至反过来要求记者“请说清楚你的问题”。

在这一点上，老实人就经常抱有这样误解，觉得应该好好听对方说话。但其实听了对方的话，就会不断地被迫接受对方的条件。**通常最后老实人都会被迫妥协、让步。**

我认为以“我已经决定不听别人的意见了”这样强硬的姿态来和别人说话，也是有必要的。

心理策略

▶心理干预——高压攻势技巧之一，对方说话的时候，打断对方的话，也就是“插嘴”行为。

19 为了胜利『不择手段』

为了保住性命，我可是会不择手段的，嘻嘻……

——《战斗潮流》乔乔系列总第11卷　乔瑟夫·乔斯达

<故事背景>

乔瑟夫和“柱之男”瓦姆乌之间的决战是借助吸血马打的一场战车战，精明的乔瑟夫在瓦姆乌的马车下设置了碎石，推迟了瓦姆乌战马的起步。

少年漫画杂志的主人公一般都是正义的，不会作弊的，但第二部的主人公乔瑟夫却是一个为了取胜挖空心思，甚至毫不忌讳“作弊”的人。正因为精于算计的性格，他才总能想出奇策，最终击败了终极生物“柱之男”。

此观点可解释为不管多么卑劣、多么不道德的行为，如果是为了君主的利益或国家的利益，为什么不能去做？这是意大利思想家尼可罗·马基雅维利（Niccolò Machiavelli）提倡的，也被称为“**马基雅维利主义**”。

心理学上还制定了一个测试，用于衡量一个人的“马基雅维利主义”思想的程度。这个测试被称为“马基雅维利量表”。测试项目包括，必要时是否能够毫不犹豫地进行欺骗、说谎，是否喜欢操作他人等内容。

美国西弗吉尼亚州的查尔斯顿大学的阿卜杜尔·阿齐兹（Abdul Aziz）做过这样一项调查——110名证券公司股票投资者的马基雅维利主义思想的程度和他们的工作业绩。

调查结果显示，马基雅维利主义得分越高的人，工作业绩也越好。一般来说，说谎都被认为是不可取的，但事实并非如此，擅于说谎其实是一种社交技巧。

芥川龙之介也说过“所有社交都必然辅以虚伪”。光靠诚实并不足以很好地和人交往，我们还必须要磨练自己说谎的能力。

如果有人强迫你去做一份你不想做的工作，你拒绝，说“我不想做”，这确实是忠实于自己内心的想法，但是被拒绝的人可能就不乐意了。即使是不想做的事，或是一个麻烦的工作，如果你能在表面上表现出“非常愿意去做”的样子（也就是说谎），你和那个人的关系也会变得更好。

生性认真的人会肤浅地认为“说谎”是错误的，但事实并非如此。

心理学上，把人际关系中生存的能力称为“社会技能”，加利福尼亚州立大学的罗纳德·里吉奥（Ronald Riggio）发现，擅于说谎的人往往拥有更高的社会技能。

我想这个世界上，需要说谎的场面非常多，这时，我们要去做一个擅于说谎的人。

心理策略

▶马基雅维利主义——为了目的不择手段的做法和意识形态，通常作为负面词汇使用，但在心理学上是一个中性词汇。

▶社会技能——擅长阐明的技能，擅长道歉的技能，猜测对方想法的技能等，与人际交往相关的复合性技能。

20

可以说的『谎言』

没有穿帮，就不算是耍诈……

——《星尘斗士》乔乔系列总第25卷　空条承太郎

<故事背景>

泰伦斯·T·达比的替身能力为读心术，承太郎在与其战斗时，彻底骗到了他，取得了胜利，愤怒的达比说“你要诈”，承太郎回了上面的那一番话。

虽然大家都说“不能说谎”，但现实中说谎是非常普遍的现象。美国弗吉尼亚大学的贝拉·德保罗（Bella Depaulo）做过这样一项实验，实验对象为77名大学生和当地招募的70名居民，实验内容为每天记录自己的谎言。实验结果显示，他们平均一天会撒两次谎。

此外，对于“你认为你以后还会说谎吗？”这个问题，72.75%的大学生和82.10%的社区居民都给予了肯定的回答。

谎言有两种，“可以说的谎”和“不能说的谎”。**当然“恶意的谎言”肯定是不能说的，但是我们也需要知道，谎言中也有“善意的谎言”。**

能让对方高兴的话就是“善意的谎言”。我们可以尽可能去多说一些“我很佩服您”“我觉得你很有魅力”“我现在工作得很开心”这样的谎言。这类谎言，即使说了也不会让对方难堪，反而能让对方开心。

而且正如“谎言成真”这句话一样，谎言也可能会变成现实。“我现在这份工作多有趣呀，能在这里工作真幸福！”平时就这么说，真的可以提高你的幸福感。有时候，谄媚和讨好对方也可以让你和对方的关系变得圆满，建立起真正和谐的人际关系。

你可能会想“别人会不会发现我在说谎呢？”。

承太郎是一个胆大的人，即使是面对会读心的敌人也能冷静地使诈。当然并不是所有人都能保持这样的平常心。不过无须担心，不管撒谎的人是谁，谎言基本上都不会被发现。

美国蒙特克莱尔州立大学的阿曼达·约翰逊（Amanda Johnson）研究发现，谎言被看破的概率平均为55.15%。判断一个人是否说谎是个二选一的问题，所以乱猜也会有50%的正确率。如果只有55.15%的概率被发现，说明这个概率和乱猜差不多。也就是说，我们识破谎言的能力和乱猜的概率几乎一致，这说明谎言很难被看穿。

说谎基本上都不会被发现，如果谎言能让对方高兴，为何不去说呢？正如承太郎所说，不被发现就行。

心理策略

▶识破谎言——看穿对方的谎言，从说谎人的角度来看是谎言被识破。和上文中表述的一样，谎言被别人发现的概率极低。就连那些专门用于识破谎言的机器，即“测谎仪”的准确度也没有那么高。

21

赢得越多，就越容易赢

能赢就没有问题！

——《战斗潮流》乔乔系列总第12卷　卡兹

<故事背景>

说好了一对一的决斗，卡兹却毫不犹豫地违背了约定，让自己的替身去袭击莉萨莉萨。在这样的场景下，卡兹说了上面的那一番话。

卡兹暴露了其卑劣的本性，无论如何都想打倒乔瑟夫他们。虽然这种本性不值得称赞，但想要赢的心态不一定有错。**因为一个人“赢”得越多，就越容易“赢”。**

据说在斗犬界里，为了训练出更强的斗犬，人们会故意选一些弱小的斗犬与之一决胜负。当然作为一只为了让别人赢而存在的斗犬，可能是无法忍受的。但对获胜的一方而言，通过多次获胜，会积累“自己很强”的成功体验，就会变成真正强大的斗犬。

据说德国名将隆美尔（Erwin Rommel）为了培养新兵，初战会刻意让他们选那些能够打赢的对手。士兵们赢得越多，也越自信，之后即使与强兵对战，也会以一种“我们不可能会输”的心态去战斗。

成为强者的诀窍，就是一次次地积累成功体验。再小的成功也没关系，首先要有成功体验。这样反复经历过几次成功之后，自然而然就会有自己不会输的心态。最重要的是，先尝到胜利的滋味。你赢得越多，就越有可能再次获胜，这在心理学里被称为“**锦标赛理论模型**”。

美国查普曼大学的阿米·哈雷（Amy Hurley）做过一项调查，调查对象为685名中高层管理人员，调查结果显示，进公司后最早晋升获胜的人，之后也会不断获胜，这个结果进一步佐证了“锦标赛理论”。

不管在什么局面下，总之先赢一局，这样才能让自己养成“获胜的习惯”。

锦标赛中，如果第一轮就败北，比赛就到此结束了。假如每次都输在第一轮，也无法获得自信。

另外，为了让自己养成“获胜的习惯”，比起一次大的胜利，多经历一些小的胜利会更有效果。

如果你只赢了一次，你可能会怀疑这是否只是一个巧合，这样一来就无法获得自信。**所以，我们不应该去强求大的胜利，而应该努力让自己多获得几次小的胜利。**有意思的是，你赢了一次之后，就会不断地赢下去。

心理策略

▶锦标赛理论模型——在对同期入职员工的调查中，最先晋升的人，之后晋升也很快，最先获胜的人，之后继续获胜的可能性也很大。

▶习得性无力感——如果连续输了好几次，人就会变得无心学习，失去干劲。

22

用肯定的语气『威吓』对方

你是说想让我放你一马？
但你已经超出了动物的
规则领域……不可以！

——《星尘斗士》乔乔系列总第14卷　空条承太郎

<故事背景>

船的替身能力“力量”的真面目竟然是船上的猩猩，就在它差点将承太郎打倒的时候，后者扭转了局面。猩猩便亮出肚子，向承太郎求饶。

为了在博弈中获胜，我们必须注意我们的说话方式。

如果你说话不自信的话，对手就会看出你是一个很弱的人，容易操控你。

通过明确地表示“不”的意志，对方会觉得你很有“自信”而退缩。动物更能区分强者和弱者，承太郎明确说“不可以”，“力量”看到承太郎这样的态度，就只能承认失败，害怕了起来。

为了不被别人控制，说话的时候，不要说“嗯……”“那个……”这样多余的话，这种表达方式有些吞吞吐吐犹豫不决。有数据显示，如果你说话时吞吞吐吐，别人给你的评价就会变差。

南佛罗里达大学的克林斯泰恩·卢瓦（Christine

Ruva）做过这样一项实验，让 276 名大学生阅读一份模拟审判记录中一位目击者的证词。

证词有两种，一种是清楚明确的**断定表达**，说“我看到的是 × ×”，另一种使用犹豫不定的表达方式，“嗯……那个……我看到的是……那个…… × ×”。然后，询问学生们目击者的话有多高的可信度，实验结果和预想一致，学生普遍觉得使用断定表达的证词可信度更高。

强者不会使用暧昧的语言表达，而是直言不讳。

很多领导者都会遭到各种指责，但从博弈的角度来看，你会发现他们很擅长扮演自己，不论何时他们用的都是明确的断定表达，这十分准确地体现出他的观点。

像某些政治家那样的表达方式，听不出他到底是赞成还是不赞成，到底是执行还是不执行，无法让人感受到他们的强大。

如果你和别人说话的时候，像口头禅一样说“这个……”“那个……”，你需要养成把这些口头禅吞下去的习惯。

此外，“恐怕”“大概”这种**推测表达**也会降低你语言的力量，所以请尽量不要使用这些语言表达。

心理策略

▶犹豫的口吻——“嗯……”“这个……”这种支支吾吾的说话表达方式，会给人一种软弱的感觉。

▶肯定的口吻——清楚地描述事物，让人感受到有力可信的表达方式。

▶推测的口吻——通过推测来描述事物。“是这样的吧？”这种问句语调上，属于半疑问句。推测的口吻和半疑问句都让人感到软弱。

23

解读对方想法的技巧

这个味道是……说谎的『味道』……

——《黄金之风》乔乔系列总第47卷　布鲁诺·布加拉提

< 故事背景 >

这是布加拉提和乔鲁诺相遇的场景，在布加拉提管辖的区域，黑帮组织的“泪眼路卡”被打倒了，布加拉提怀疑是乔鲁诺干的。公交车上，布加拉提质问乔鲁诺有没有说谎。

如果我们能够读懂对方在想什么，在人际交往、工作交涉等方面都会变得非常轻松。因为只要能读懂对方的想法，我们也就能采取相应的对策。

心理学中，读懂别人心理的能力被称为“**非言语交际能力**”，也有研究者称其为非言语交际技能，术语虽然不太一致，意思大体一致。简而言之，这个词指的就是读懂对方心理的能力。

美国罗切斯特大学的霍利·霍金斯（Holly Hodgins）以 55 组大学生的室友为对象做过一项调查。调查结果表明，非言语交际能力越高的组，越能建立起彼此满意的关系。

此外，美国威斯康星大学的罗纳德·萨巴特里（Ronald Sabatelli）也针对48对新婚夫妇做过一项调查。调查结果表明越善于解读彼此心意的夫妇，对婚姻的不满就越小。

“啊，这个人应该是这么想的”“啊，我好像说了不该说的话”，如果我们能立刻意识到这个事情，就可以采取各种各样的对策，避免进一步让对方感到不愉快。而读不懂对方想法的人，不会注意到对方生气，回应对方时候又会欠考虑，进而进一步激怒对方。

乔鲁诺说不知道“泪眼卢卡”的事情时，布加拉提一定感觉到了“不对劲”，然后他舔了乔鲁诺脸颊上的汗，指出乔鲁诺在说谎。漫画设定上布加拉提能够通过对方汗水的味道来分辨一个人是否在说谎，当然这是大多数人都做不到的。

但要读懂对方的心思其实并不难。**我们要做的就是仔细观察“对方的脸”。**

我们的感情，基本上都会在“脸”上表现出来。所以只要仔细观察对方的脸，就能大致读懂对方在想什么。

不善于读懂别人心思的人，经常是在不看对方脸的情况下与之进行对话。没有看到对方的脸，自然也读不懂对方的心思。

当然也有人能够刻意隐藏自己的情绪，但基本上人的感情都会反映在脸上。

所以，我们和别人面对面的时候，要看着对方的脸，这样的话，我们就能理解对方的想法了。

心理策略

▶非言语交际能力——主要指从对方的表情判断对方感情的能力。心理学中为了测量人的非言语交际能力，人们设计了各种各样的测试，其中比较有名的测试为非言语敏感测验（简称 PONS）。

24.

穿戴红色，让自己看起来更强

他的眼神锐利而冷静，像是在战场上摸爬滚打了十年一样。

——《黄金之风》乔乔系列总第53卷　布鲁诺·布加拉提

<故事背景>

由于失去了可信赖的大哥普罗休特，胆小的“妈宝男”贝西很生气，短短的 10 分钟内贝西像换了个人一样，布加拉提对贝西的变化感到吃惊。

我们一般不会去跟强者挑事，对于一个明显看起来就是“那条道”上的人，更没有人会去和他挑事。也许那个人并不是很强，但我想也不会有人去找他打架。

某些昆虫和动物会利用角和牙让自己看起来很强，不用真的动手就能威吓对手，这样的战略被称为“**伪装战略**”。

实际上，你是否真的强大并没有那么重要，**重要的是你看起来是否强大**。

贝西虽然内心脆弱，但他思想上发生了触动，正面与布加拉提对峙时，布加拉提被他的气魄怔住了，平时不管发生什么都处变不惊的布加拉提，应该是感受到了贝西非比寻常的“思想动向”。

那么，我们要怎样才能让自己看起来很强，怎样才能成功伪装自己？

一个非常简单的做法是穿戴“红色”的东西，穿红色的衬衫、打红色的领带、用红色的记事本、拿红色的包等都可以。这个非常简单，只要这样就可以使我们看起来很强大。

美国总统选举的时候，候选人都喜欢戴红色的领带，因为穿戴红色可以让人看起来很强，展现出候选人是一个可靠的人。红色作为“**能量色**”而闻名，穿红色的人看起来都很强。

日本战国时代，被称为甲斐之虎的武田信玄率领的武田军，令织田信长和德川家康都感到畏惧。为什么战国武将都害怕武田军呢，信玄可能知道，让士兵穿红色甲胄，就能在心理上压倒他军。

有位心理学家指出了这样一件有趣的事情，美国罗切斯特大学的安德鲁·埃利奥特（Andrew Elliot）研究发现，女性更喜欢穿戴红色的男性，因为红色会更好地展现一个“强大的男性”。红色能让人联想到高职位，认为穿戴红色的男性大多是“高职位”，而女性喜欢地位高的男性，所以女性对于穿红色的男性没有抵抗力。

如果你生性懦弱，建议你试着穿戴一些红色的东西。因为光是穿戴红色，就能让你看起来很强大，会有很多好处。

心理策略

▶伪装战略——尽管事实并非如此，也表现出与真实自我不符的战略。虚张声势地展示自己的魅力，让自己看起来很强大，这些都是伪装。

▶能量色——让一个人看起来很强的颜色，红色和黑色被认为是能量色。

25 不说多余的话

因为说两次是徒劳的……
为了你的人生……
还是不要徒劳为好。

——《黄金之风》乔乔系列总第47卷 乔鲁诺·乔巴纳

< 故事背景 >

在意大利机场被偷了行李箱的广濑康一正在追寻犯人乔鲁诺的下落，乔鲁诺这样劝告追来的康一。

乔鲁诺虽然只有 15 岁，但他不说多余的话，举止态度都很冷静。乔鲁诺连呼“没用”的剧情，能让人感受到其父亲迪奥的遗传。乔鲁诺充满悟性的言行，最终令其当上了组织的老大。

如果你也想学那样的乔鲁诺，让自己“看起来很强”的话，就不要做一个爱说话的人。话多的人，虽然看起来可能是和蔼可亲的，但他们看起来也很轻浮。从这点上讲，像贝壳一样闭着嘴，目不转睛地凝视别人的人会非常有威严，给人一种庄严的感觉。

博弈中有一种“**沉默战术**”，严格来说这可能都称不上战术，只是闭口不言，像雕像一样盯着对方的策略，谁都可以做到。

谈判时，这种沉默战术非常有效。**不擅长交涉的人，**

保持沉默就好。

只要你保持沉默，就可以让对方在心理上感受到压迫，然后不断降低自己的要求。

“这个数量的话，优惠和以前一样是 1.5% 可以吗？”

“……”

“好吧，那优惠 2%，你看怎么样？”

“……”

“那个，您有什么不满吗？如果不满意的话，我们可以优惠 3%。”

像这样，只是保持沉默，对方就会不断地妥协。

“沉默是金”还是有一定道理的。

约瑟夫·富歇（Fouché Joseph）就是一个非常善于利用沉默战术的人。富歇是一位政治家，他巧妙地游走于法国革命时期、拿破仑时代、恢复君主制的动乱时期。

富歇运用沉默战术，无论情绪多么激动，脸上都不动声色，无论什么时候，他都始终处变不惊。富歇一直用平淡的语调说话，以稳定的步伐踏入皇帝的起居室和喧嚣的国民议会。据说这是他在长达十年的僧院生活中训练出来的能力。

如果一个人保持沉默，看起来就很有智慧，也会散发出一种难以名状的“强大”。

遇到困难的时候，不要慌张地着急说些什么，而是应该闭上嘴巴，完全不说多余的话。

心理策略

▶沉默战术——也被称为沉默策略，是政治家和名人经常使用的技巧，面对对方的提问，保持沉默不去回应。

26

深信『我不会输给任何人』

强者有资格支配弱者，不！强者命中注定要支配他人……

——《黄金之风》乔乔系列总第61卷 乔克拉特

<故事背景>

乔克拉特的兴趣是杀人分尸，他用惨无人道的替身能力“青春岁月”，让罗马的人们陷入了恐慌。最终乔克拉特被乔鲁诺等人逼到绝境，在打给同伴的电话中他留下了这样一句话。

这里出现的乔克拉特也是一个“自信的人”，他坚信“自己很强，不可能输”。所以当他被乔鲁诺等人逼到绝境的时候，他依靠麻醉抑制疼痛，肢解了自己的身体，躲进了一个成年人无法进入的狭窄空间来摆脱困境。他完全没想过自己会输，这是非常强的意志力。

这种内心强大的人，都有一个特征，就是**“坚信自己是强者”**。他们志在必得“如果你让我做这个的话，我不可能输”“没有人能比得上我”。

我觉得这样的自负越多越好，因为这样的深信不疑会让自己的内心变得更加强大。

斗鸡虽然身体很小，但是有着惊人的攻击性。斗鸡的眼睛结构有一个不寻常的特征，那就是看什么东西都只有实物的五分之一大小。在斗鸡眼里，牛看起来像狗，马看起来像猫，它们看什么东西都变得比实际小，也许就是这个原因，斗鸡比赛中，不管斗鸡被打得多惨，都决不认输，即使浑身是血也毫不犹豫地扑向对手。

顺便说一下，牛的眼睛构造刚好相反，不管看什么都能看成五倍的大小，猫看起来像老虎，小鸟看起来像大雕，所以尽管它们体型很大，却性格胆小。

希望大家都能有一双斗鸡的眼睛，这样就没有什么可怕的了，自己能够获得一种积极地向前走的心态。

美国罗切斯特大学的米伦·兹卡曼（Mirren Zuckerman），做过这样一项关于大学生的自恋程度和他们心理健康状况的调查。**结果显示，被调查的 218 名对象中自恋情绪越高的人，心理越健康，**他们有很强的自尊心，不会因为一点小事受挫。即使遇到负面的问题，自恋者也会认为“这有什么，难不倒我”，并且能够克服问题。

精神脆弱的人，更应该有自恋情绪。哪怕毫无依据，也应该尽可能去发现自己的优点，深信“自己是个很棒的人”。

如果你认为自己是最好的，无论在什么情况下你都能保持坚强。

心理策略

▶自恋——对自己有很高的评价，通常用于负面。但在心理学上，这是一个中立的术语，心理学决不会认为高度评价自己是一件坏事。

27

大声说话

我是真心希望你不要回答我的问题，我希望你马上消失！你这个令人讨厌的家伙！

——《不灭钻石》乔乔系列总第33卷　虹村亿泰

<故事背景>

面对杀死大哥的犯人，虹村亿泰大声逼问替身“辛红辣椒”的真实身份和位置。

像蚊子一样的声音说话，不会让人感觉到你很强。如果你想给人留下“这人看起来很有骨气”的印象，首先要注意自己说话的音量，**我们要确保自己的声音洪亮。**这样，就不会有人觉得你是弱者。

据说，过去部队采纳的都是声音洪亮的人的意见。比起作战计划的优劣、作战成功的概率，很重要的评判标准就是声音是否洪亮。

虹村亿泰是乔乔第 4 部中出场的知名角色，他会使用洪亮的声音来威吓对手。

如果我们的声音不够洪亮没有力量，我们就无法说服别人。正是因为听到了强有力的声音，人们才会想去听那个人说话，多数情况下，人们对内容本身并不在意。

竞标演讲也是如此，即使内容非常精彩，如果主讲人的声音不够洪亮、一点力量没有的话，谁都不会心动。与此相反，如果一个人用充满自信的声量进行演讲的话，我们可能会被他的热情和胆识所打动。

我们似乎可以根据对方的声音，在某种程度上猜出对方是什么样的人。纽约州立大学的雷蒙德·亨特（Raymond Hunt）做过这样一项实验：事先调查好多位演讲者的性格特点，然后让实验对象去听演讲者的演讲，仅凭声音，猜测每一位演讲者的性格。

实验结果显示，最容易通过声音猜测的是演讲者的"强弱与否"。仅凭声音，就有 86.6% 的人能正确判断出那个演讲者是否强大，准确率相当高。调查数据显示，凭声音正确推测说话人的"态度积极与否"的准确率高达 84.6%；推测说话人"大胆与否"的准确率达 81.4%。然而，通过声音难以判断的是"态度认真与否""是否遵守纪律""思维灵敏与否"等方面，准确率分别为 51.4%、48.1% 和 25.6%。

实验证明，"人的强弱"会体现在他们的"声音"

上。所以说话的时候，我们应该注意自己的声音。

无论你的演讲有多好，声音不够洪亮，没有力量，都没有人会听你讲的内容。

最重要的是，即使你一点自信都没有，也要表现得很有自信，用洪亮的声音说话。

心理策略

▶声音的大小——声音的大小是决定一个人给他人印象的重要因素，有研究表明，声音洪亮可以增加说服力。

28

不贱卖自己

大叔！如果你在找拳刺的话，它不在你上衣口袋里！而是在你裤子后面的口袋里。

——《战斗潮流》乔乔系列总第5卷　乔瑟夫·乔斯达

<故事背景>

黑人少年史摩基在餐厅受到白人男性的侮辱，一起吃饭的乔瑟夫，作为史摩基的朋友不能原谅这种行为，将该男子打了一顿。

在日本有一句话叫“不贱卖自己”，意思是不要让人觉得自己很廉价。**绝对不能让别人看到你的弱点，这样只会让你被人利用。**

在体育界，如果你胳膊或腿受伤了，绑上了绷带，你的对手可能就不会特意攻击那里。这是基于体育精神，运动员不会做出那种乘人之危的卑劣行为。

但是在商业界中，如果你不小心暴露了自己的弱点，对方肯定会集中进攻你的弱点。所以我们即使受伤了，也不能表现出来。这是一种“不贱卖自己”的策略。

如果你的指尖颤抖、表情僵硬，其实就相当于是在“贱卖自己”。我们一定要注意这一点。

乔瑟夫识破对方藏着拳刺，一语道破让对方猝不及防。乔瑟夫所做的是为了让自己占优势，让对手看起来很廉价吧。

识破对方的弱点是好的，但是自己的弱点一定要隐藏起来。

很少有人知道，美国总统肯尼迪其实天生体弱多病，腰部剧痛时，甚至不拄拐杖就无法行走。但是，在媒体面前露面的时候，肯尼迪总是表现出飒爽英姿的年轻姿态，他不向任何人展示自己拄拐杖的可怜样子。

容易被乘虚而入的弱点，绝对不能被别人发现。**相反，我们要用演技展现出自己是“强者”。**

如果你想让对方欣赏你的能力，那就表现得非常有能力。如果你想让别人承认你是优秀的人才，那就表现得像优秀的人一样。这在心理学上被称为“**自我表现策略**”。

虽然事实并非如此，但展现出这样的自己，我们真的会变成这样的人。

普林斯顿大学的爱德华·琼斯（Edward Jones）做了

这样一项测试，以求职面试的名义，让参加测试的人尽可能地表现得自信满满，然后立刻对他们进行自尊心测试。表现得很有自信的人，在自尊心测试中都取得了很高的分数。也就是说，**当你表现得很有自信的时候，自尊心真的会变强。**

我们不能“贱卖自己”，我们应该堂堂正正地行动。

心理策略

▶自我表现策略——只向他人展示自己“想展示”的部分，隐藏“不想展示”的部分的心理策略。

29

『先发制人』就能掌握主动权

好了，跟，还是不跟？

清清楚楚地说出来！

——《星尘斗士》乔乔系列总第23卷　空条承太郎

< 故事背景 >

丹尼尔·J·达比嗜赌如命，承太郎在与他的赌博较量中，赌上了自己祖父乔瑟夫和朋友花京院的灵魂，他们赌的是达比最擅长的德州扑克，但承太郎最终还是以其不屈的精神压倒对方，取得了胜利。

在和人谈判交涉的时候，我们应该先提出意见。**与其等对方提出要求后再做回应，不如先提出自己的意见。这样我们才能掌握主动权。**我们不能等对方提意见。

在相扑界里，有一种被称为“横纲相扑”的方式。先接住对方的攻击，然后再慢慢把对手推出战场。因为横纲在相扑中地位最高，通过这样的方式取胜才符合横纲的身份。在职业摔跤界里，也是排名靠前的摔跤手先去接对方的招数。

但是，在谈判界里，决不能让对方先发制人。从一开始我们就应该进攻、进攻、再进攻，然后一口气压倒对方。

达比在赌博的世界里身经百战，技术也是一流。承太郎觉得正面对决可能无法取胜，就用这种自信而强硬的语气去逼问对方，让对方不知所措。像承太郎一样，“这个提议你接受还是不接受？”“你到底赌还是不赌？”这样的话语来逼问对方。

有些人不太擅长外交谈判，其原因在于自己不主动进攻。先由其他人提出条件，等自己想要去回应这些条件的时候，其实就已经落人一等了，最后只能去接受他们不想接受的条件。**众所周知，在谈判中，先发制人的人往往能在对自己有利的条件下达成协议。**

美国西北大学的亚当·加林斯基（Adam Galinsky）就曾在研究中指出过，在谈判中抢占先机的重要性。他做了这样一个模拟谈判的实验，假设你刚进入一家咨询公司，你要和该公司交涉奖金的事。如果招聘负责人先开口提出的话，平均奖金为12，887美元，但如果新进员工先开口提出的话，最后的平均奖金为17，843美元。这个实验结果表明，先开口的一方更有利。

最初提出的意见被称为“**锚**”，锚也指一艘船的锚，谈判的结果很大程度上取决于锚最初被投在了哪里，这叫作“**沉锚效应**”。

在和妻子交涉零花钱的时候，如果是你先提出要求的话，你就可能获得自己理想的金额，但如果是妻子先说“那么从下个月我就给你涨500日元”的话，根据沉锚效应，你最多只能拿到涨了1000日元的零花钱。

所以我们一定要“先发制人”。

心理策略

▶锚——谈判中的第一个意见。

▶沉锚效应——最初的意见会成为谈判的基准。

30

多准备几个对方不知道的『撒手锏』

你刚才为什么叫我承太郎？我没有报过姓名，其他人也没有在你面前叫我的名字，我想知道是怎么回事。

——《星尘斗士》乔乔系列总第17卷　空条承太郎

<故事背景>

恩雅婆婆的替身能力是操纵雾的“正义”，为了替儿子 J·盖尔报仇，她假装成酒店的老板来欺骗承太郎一行人，但却被沉着冷静的承太郎识破了。

承太郎在宾馆的住宿簿上写的是假名“Q 太郎”，凭借敏锐的直觉和冷静的判断力，他感觉到恩雅婆婆有点不对劲。以防万一，承太郎事先准备了对方不知道的**“撒手锏”**。恩雅婆婆没有注意到这一点，叫了承太郎的真名，暴露了自己的身份。

给对方下套是谈判的惯用手段。为此，事先准备好几个对方不知道“撒手锏”是至关重要的。这个技巧也常用在法庭上。

审判过程中，律师必须提前提交证据。据说能干的律师不会一次性提交全部证据，而是刻意隐瞒一部分证据。比如有五个证据，他们可能只提交其中的三个，剩下的两个留在手里。

民事案件中，基于双方提出的证据，委托人和律师之间需要进行一次模拟问答，和舞台的彩排类似。如果一开始就原原本本地拿出所有证据，对方就会做好对策。所以，律师会把部分证据留在手中，作为对方不知道的“撒手锏”，然后在法庭上突然拿出新的证据，让对方不知所措。

有了对方不知道的“撒手锏”，你就可以去打乱对方的节奏，使对方慌乱，让事情往有利于自己的方向发展。但是，毫无根据的传闻证据效力很弱，尽量把有根有据的情报作为“撒手锏”，隐藏起来。

根据密歇根大学的玛丽·旺格（Mary Waung）的调查，即使观点一致，当拥有强有力的论据时，别人就会信服；当论据不足时，别人就不会相信。

谈判中最重要的是，彻底调查对方，把握对方的内情，同时尽量不要让对方获得我们的情报。如果你搜集到了很多对方情报，就能多掌握几个对方不知道的“撒手锏”，这就可以让你处于优势。

心理策略

▶对方不知道的“撒手锏”——在谈判中偶尔会用上的出其不意的招数，这个不是心理学术语，刻意使用一些不同于常规套路的“旁门左道”，可以达到让对方思想混乱的目的。

专栏

最后一刻都不能松懈，不然功亏一篑

在谈判中，最危险的时刻就是你觉得马上就要谈妥的时候。因为在这种时候我们可能会松了一口气，放松了警惕，然后不小心说漏了嘴。

擅长谈判的人，直到最后也绝对不会放松警惕。因为他们知道，多余的一句话可能都是致命的，只因为不小心说错了一句话，前面所有的努力都可能会功亏一篑。

比方说，谈判眼看就要成了，却决定和对方去喝一杯。即使在这种时候，也绝对不能放松警惕。酒精会使你失去正常的判断能力，加拿大女王大学的迈克尔·塞特（Michael Seto）指出，酒精会使人处于失去判断力的高风险中。

我们必须千万小心，不能说那种“我真的很不擅长和他这种人打交道”这类多余的话。

第4章

让人“行动起来”的心理策略

31

规定自己『想好了就马上行动』

当我们心中浮现出『宰了他们』这句话时，我们的行动就已经完成了！

——《黄金之风》乔乔系列总第53卷 普罗休特

< 故事背景 >

盖多·米斯达把枪口对准了暗杀小组的贝西，危机时刻贝西被大哥普罗休特所救。但贝西的喜悦是短暂的，普罗休特训斥不争气的贝西，让其“克服自己内心的软弱”。

如果一个人总是在担心这个担心那个，结果到最后也没有采取任何行动，这个人很可能会变成一个越来越无法付诸行动的人。不幸的是，人一旦选择了“不行动”，之后也会倾向于选择“不行动”。这在心理学上被称为“**不作为惯性**”。

以色列本·古里安大学的奥利特·泰科辛斯基（Olite Tykocinski）证实，那些错过绝好机会的人，即使下一次再出现类似情况，也不太可能采取行动。

因此，如果我们不采取行动的话，之后就更不好行动了。这种恶性循环，我们必须将其切断。

“妈宝男”贝西也总是没有自信，只是跟着大哥普罗休特行动。但在大哥普罗休特的斥责、激励下，贝西最后成为一个“富有执行力”的人。**我们也必须像贝西一样去改变自己，尽快采取“行动”。**

最近觉得“恋爱麻烦”而不去恋爱的人越来越多了，这样的人会逐渐变成非恋爱体质，一旦选择了“不恋爱”，之后他们就越来越不会去恋爱了。不管你经历了多么悲惨的失恋，你必须让自己尽快重新振作起来，让自己投入到新的恋爱中去，不然就会失去恋爱的能力。

对于不去上学的学生，老师们之间有这样一个共识，那就是前三天至关重要。如果能在孩子不去上学的头三天内，强行带他去上学的话，孩子就不会真的成为“家里蹲”。但如果家长在头三天采取的是“先观望一下”的态度，什么都不做的话，那个孩子就会完全沦落为一个不上学的孩子。

不要胡思乱想，要求自己不管什么情况，都马上行动起来。

不管是什么事情，担心、烦恼都不是一个好习惯。

比起想东想西的人，能马上行动起来的人在做任何事情的时候都能保持积极的心态。如果想改变自己的心情，不要从明天开始行动，现在开始行动。做什么都可以，总之要先行动起来。

心理策略

▶不作为惯性——一旦选择“不行动”，未来在类似的情况下，很大概率还是去选择“不行动”。喜欢别人却“不表白”的人，之后再遇到喜欢的人，也还是会选择“不表白”。

别再徒劳地寻找自我

我也不知道该去哪里！

我也不知道自己是什么人！

——《乔乔福音》第2卷 广濑康穗

<故事背景>

康穗回到家时，发现母亲醉醺醺地睡着了，母亲胸前还有吻痕。看到这一幕的康穗，悲伤地离家出走。

有些人在拼命地寻找自我，寻找和现在不一样的自我。他们一直寻找自我，是因为觉得“真正的自我”可能不在这里，而在别的地方。

和没有家、没有记忆、没有家人的定助相比，康穗好歹也有家、有母亲。即便如此，康穗也会感到不安，也会不知道该如何是好。

但是，人终究是不可能知道自己是什么人的。所以，最好不要去“寻找自我”，因为无论怎么寻找，我们都不可能找到真正的自我。

面临求职就业的学生都努力进行“自我分析”，其实没有必要。虽然我们还不了解自己，但只要我们愿意认真对待，不管做什么工作，不管从事什么行业都能表现出色。

重要的是，不管处于什么样的境遇都认真对待。

你适不适合这个工作，你的个性是怎么样的，其实都没有关系。不要以“自己是这个类型的人，做不了那样的工作”的借口逃避。不管交给你的是什么工作，都全力去做。这样一来，我们什么都可以做成。

日本“经营之神”松下幸之助，也告诫年轻人，刚开始工作的一个月或两个月里，不要觉得那个工作不适合自己就选择放弃。

不管我们在什么地方，我们必须接受自己的现状，然后去努力工作就可以了。

工作中成功的人，都是找到了适合自己的工作么？不，并不是这样。

成功的人之所以成功，是因为他们比别人更努力，没有人是仅凭能力或天赋就能成功的。

美国南卫理公会大学的唐·范德沃尔（Don Vande-walle）做过这样一项调查，以 167 名医疗推销员为调查对象，根据3个月内的销售业绩，重点调查了优秀员工的特征。结果非常明显，越是努力的推销员，销售业绩越好。

努力朝着目标前进的人，在心理学上被称为有“定力”（Grit）的人。“Grit”有时也被翻译成“坚忍”“毅力”等，这是一种要做到坚持努力所必需的能力。

心理策略

▶坚忍——一旦开始就不动摇，一旦开始就做到最后的能力。大家都知道，能坚持做下去的人，无论是学业还是工作都能取得成功。

33 遇到什么都不气馁

在我死前最后展示的是，世世代代传承未来的齐贝林家族精神！人类的灵魂！

——《战斗潮流》乔乔系列总第10卷 西撒·齐贝林

<故事背景>

西撒在与“柱之男”瓦姆乌的战斗中，被打得遍体鳞伤，他用尽最后的力气，把装有解药的戒指放进肥皂泡中，飞向了乔瑟夫。

无论你身处多么艰难的境地，也决不能泄气！因为一个人内心崩溃的瞬间，会失去重新站起来的勇气。一旦内心崩溃了，一切就都结束了。**相反，只要你不放弃，就会看到希望的光芒。**

这里介绍的“西撒之死”可以说是乔乔第2部名场面之一。西撒是乔瑟夫的竞争对手，乔瑟夫经常表示自己讨厌西撒。但西撒在最后关头，用自己生命提炼出来的波纹，让泡沫飞了出去。虽然乔瑟夫当时没有吃解药，但他继承了西撒的遗志，获得了打倒瓦姆乌的力量。

英国皇家马斯登医院的一位名叫S·格里亚（S·Greer）的医生对患乳腺癌的女性进行了15年的追踪调查。格里亚先将患者分为几种类型，第一组是“我不会放弃，我要战胜癌症”斗争心强烈的女性，这组女性 15 年后的存活率为 45%（20 人中 9 人）。第二组是觉得“已经不行了”而失去信心的女性，第三组是接受了命运，把一切交给医生的女性，这两组的存活率都只有 17%（42 人中有 7 人）。

如果有“我绝对不会输！”“我一定要渡过这个难关！”“我肯定能行！”这样强烈的意志，即使得了癌症，也真的能想办法解决。

内心崩溃的人容易输给疾病，只要你内心强大，总会有办法解决的。不管遇到什么情况，都不要想着“已经不行了”，而是要有努力活下去的强大意志。

如果感觉自己内心快要崩溃了，我们应该对自己说“肯定会好起来的”。

当你对自己这样说时，就真的会觉得自己没问题。

读乔乔的故事，我经常发现，历代乔乔主人公们都会用自我暗示的独白来鼓舞自己。心理学上，这种和自己的对话被称为“**自我对话**”，这是一种有意想不到效果的心理技巧，我们一定要掌握好。

当我们鼓励自己的时候，我们的内心就会渐渐恢复。如果感觉内心就快要崩溃了，我们应该马上鼓舞自己。

心理策略

▶自我对话——和自己进行对话，也称为内部语言。进行自我对话时，有时会发出声音，有时不发出声音。

34. 失败越多，越机智

决意去做时用『直线』！现在的我，不管发生什么，都要用『直线』来突破！

——《黄金之风》乔乔系列总第53卷 贝西

< 故事背景 >

贝西虽然一直对自己没有信心，但大哥普罗休特在临死前展示的“最后的觉悟”抹去了贝西内心的迷茫。

总是想东想西而不去行动的人，精神会变得不健康。相反，即使失败了也毫不在意，不断采取行动的人，精神也能更健康。

美国约翰斯 · 霍普金斯大学的约翰 · 夏弗（John Shaffer）做了这样一项调查，他对 972 名大学毕业生进行了长达 30 多年的跟踪调查。

调查发现，在学生时代就能行动起来去解决烦恼的人，得癌症的概率只有不到 1%。也就是说，有行动力的人甚至连癌症都要避开他。

与那些随心所欲，不管什么事都能行动起来的学生相比，那些畏手畏尾，选择忍耐的学生罹患癌症的概率要高 16%。

不能做自己想做的事，会容易让人积攒精神压力。这样的精神压力不断堆积的话，精神和身体都会出现各种各样的问题。所以不要忍耐，想做的事情还是应该去做。

大家可能会想“如果不考虑周全就付诸行动的话，会失败很多次吧？”。但我们无需担心这个问题。**因为人在每次失败的时候，都会从中学到一些东西，变得更有智慧。**

如果你不采取行动，就不会有收获。但如果你采取行动却失败了，你就会得到“下次应该那样做”的新发现和经验。

贝西生性软弱，经常把事情搞砸，但抹去了迷茫之后，贝西就像换了个人一样变强了。布加拉提都感到惊讶，觉得“他和刚才那位是一个人么”。**不畏惧失败的心态会成就一个人强大的内心，让人行动起来。**

美国佐治亚大学的研究表明，企业家在每次公司宣告破产后都会变得更加明智。这是新奥尔良大学名誉教授迈克尔·勒巴夫（Michael LeBoeuf）在其著作《一生不愁钱的人的简单法则》（日本钻石社出版）中指出的。

人越失败就会变得越聪明。没有比这个更能让人安心的论点了。

你失败得越多，就越不会去那么在意失败，也不会每次都感到沮丧，只要习惯了失败，就不会再害怕失败了。

我们应该去做一个不断行动的人。

心理策略

▶勒巴夫定律——迈克尔·勒巴夫提倡的思维方法，创业者每次破产都会变聪明，如果失败了10次，第11次一定会成功。

35

不要满足，不要停下脚步

我现在还是处于『负数』状态！

我只想朝着『零』迈进！

——《飙马野郎》第18卷　乔尼·乔斯达

<故事背景>

乔尼和齐贝林一边寻找“圣人遗体”，一边继续他们的比赛。当旅行变得困难时，乔尼发现旅行的目的已经变了，已经不再是寻找“圣人遗体”了。

我们要想在任何时候都保持积极心态是很难的。但只要我们尽力采取积极行动，我们的工作就会变得顺利。

美国印第安纳州圣母大学的斯科特·西伯特（Scott Seibert）对 2781 名各行各业的大学毕业生进行了问卷调查。调查结果发现，那些对所有事物都保持积极态度的人获得加薪的比例高达 54%，获得晋升的概率高达 37%，对自身职位的满意度也高达 37%。

不满足于现状，一直向前看是成功的秘诀。

顺便说一下，前面提到的乔尼·乔斯达的台词，发生在乔尼觉得自己马上就要成功时，好不容易收集到的“圣人遗体”却全部被敌人夺走的情况下。在这样的情形之下，哽咽地乔尼发誓要继续前行。

在乔乔系列中，有很多鼓舞读者的台词，本节列举的乔尼的台词也是其中之一，我个人特别喜欢这句话。

日本经济从战后的废墟中奇迹般地复活，也正是因为当时的惨况激发了日本人“决不能输！”的精神，日本人才能坚定不移地努力到了今天。

即使我们输了，也应该马上爬起来，继续前进。

“专注做一件事”是日本人的美德之一。

过去的日本人，即使经济得到了奇迹般的复兴，也仍然勇往直前。在外国人看来，日本都已经处于领先地位了，仍然继续努力向前，就好像日本人觉得自己落后别人一圈了。

近年来，这种“专注做一件事”的品性正在逐渐消失，越来越多的日本人在失败后，过早地选择放弃。

不要对现在的自己感到满足，觉得自己“还在负数状态”，觉得自己“已经落后别人一圈了”，这样才能激发我们努力前进的心情。

如果事情进展得不温不火，还算顺利的话，我们就不会产生“自己还是负数状态，所以要付出比别人两倍、甚至十倍的努力！”这样强烈的意志。

心理策略

▶认知负荷——有意识地给自己一个不利的条件，比如在进行体育训练时，想象自己处于0比5的不利局面。往往给自己的负荷越大，训练的效果就会越好。

36 期望越高，越容易实现

所谓的命运，不过是沉睡的奴隶，我们把它从沉睡中解救了出来。

——《黄金之风》乔乔系列总第63卷　布鲁诺·布加拉提

<故事背景>

乔鲁诺觉醒了新的能力，打倒了黑帮组织的老板，布加拉提他们的灵魂升入天堂，仿佛在见证他们任务的完成。这时乔鲁诺仿佛听到了布加拉提的声音。

乔鲁诺他们解救了自己的命运，虽然有各种各样的解释，但我觉得这句话表达的是，布加拉提他们一行人终于打倒了老板，离开了“失去正义的组织”，获得了自由的喜悦。面对强大的敌人，布加拉提展现出想要走正道的“高洁的灵魂”和“觉悟”。最终他们把“打倒老板”这个梦想变成了现实。

大多数人都把自己的不利处境归咎于命运，却不去行动。自己的工作不顺利，找不到可爱的恋人，自己孩子的能力不行，全部归咎于“命运”的话，我们就不会为了改变命运而做出努力。这样一来，无论过了多久，我们的处境都得不到改善。

我们应该做的是，不归咎于“命运”，而是去努力改变自己。**我们要有更大的期望。期望越高，反而越容易实现。**

你们听说过“**期望效应**”这个词么？心理学上，这个词表示“你越期待自己能做到某事，这件事就越真的容易实现”。

你期待自己“能做到”，就真的可以“做得到”。如果你在心里有“想要某个事物”的强烈愿望，你就会真的得到自己想要的东西。

首先，我们要对自己抱有很高的期望。想要变聪明，就不要觉得自己天生愚笨，而是对自己抱有“去做就能做好”的期待，这样我们就可以变得更聪明。

德国曼海姆大学的约翰内斯·凯勒（Johannes Keller）做过一项实验，调查研究 96 名男大学生自我期待与智力测试之间的关系。实验结果表明，如果“对自己有所期待”，实验对象的智力测试成绩就会更好。

凯勒还进行了反向验证，让大学生在对自己“不抱有期待”的心态下去参加智力测试，结果，大学生的智力测试得分也真的下降了。

如果你想摆脱糟糕的命运，首先要对自己抱有好的期待。

我们要有一个大胆的梦想，甚至自己都觉得这样的梦想是过分的。如果心里有这样一个大梦想，我们自然也会有动力，为了实现梦想，乐于付出努力。

如果我们的梦想和现在的能力相符，又或者梦想过于渺小，我们就永远不会得到更大的梦想。关键在于，我们要有一个说出来可能会被人嘲笑的大梦想。

心理策略

▶期望效应——对自己或对他人的期望越高，实现的可能性也越高。教师对学生的期待越高，学生的成绩也越高，这被称为“教师期待效应”或“皮格马利翁效应”。

37

尽量不看负面信息

『一个囚犯盯着墙壁看』『另一个囚犯则是透过铁窗仰望着星空』

我算是哪一个呢？

——《石之海》第8卷　空条徐伦

<故事背景>

监狱看守伍斯伍德发动了替身能力进行陨石攻击，让徐伦身受重创。徐伦在绝望的困境中下定决心，打倒普奇神父的替身能力“白斯内克”之前绝不能倒下。

乔乔作者荒木飞吕彦说：“在乔乔历代主人公中，徐伦可能是内心最坚强的”。徐伦在监狱的恶劣环境中也决不气馁，反而让自己变得更强大。这源于她“不惜一切代价也要活下去！”的积极心态。

想要让自己在任何时候都保持积极主动的心态，就应该像徐伦一样，尽量不去看那些会让自己不愉快的事情，就像谚语说的一样“眼不见为净”。

人类有一种“刻意去接触负面信息”的倾向，这叫作“**消极偏见**”。“偏见”有一层“心理扭曲”的意思在里面，我们的内心会不自觉地往消极方向思考。

美国科罗拉多大学的心理学家迈克尔·基斯利（Michael Kisley）调查研究了 18 岁至 81 岁之间人们的视线转移情况。实验结果显示，比起“冰淇淋”和“比萨”，老年人更倾向于去看“死猫”“被肢解的小牛”等负面照片。人越老，越容易被负面的事物所吸引。

其他的实验也进一步证实了这一点。研究者爱萨科威茨（Isaacowitz）让 51 名大学生戴上眼动追踪仪（一种用于监测视线如何移动的装置），让他们去看各种幻灯片，研究他们会看哪里。

结果发现，乐观的人会花大量的时间去看那些让自己心情舒畅的事物；悲观的人则会去关注那些让心情变差的事物。播放公园幻灯片的时候，乐观的人会自然地把视线投向美丽的花坛，悲观的人则把视线投向扔在旁边的垃圾，刻意地让自己的心情变得更糟。

人的心理状况很容易被看事物的视角所影响。**想要一直保持好心情的话，我们应该只看那些让自己心情变好的事物，只考虑积极的事情。**

当我们脑海中浮现出不愉快的事物时，我们应该立刻停止思考，去想一些更加愉快的事情，这叫作“**思考停止法**”。如果开始想不愉快的事情，就应该立刻停止思考。

心理策略

▶消极偏见——一种扭曲的心理，刻意让自己去接触不愉快的信息。

▶思考停止法——一种心理技巧，当脑海中浮现出不愉快的想法和观念时，马上停止思考，让不愉快的心情不再扩大。

38

通过忍耐来提高干劲

人只有『舍弃』某些东西，才能让自己继续前行。

——《飙马野郎》第15卷 艾萨尔·RO

> <故事背景>
>
> 艾萨尔·RO 嘴上说着“公平”，实际上利用对方的“罪恶感”，一步步紧逼对手，当他被乔尼的替身能力“獠牙”打得遍体鳞伤时，不知为何说“这样就好”。

要想成为一个精力充沛、一直向前的人，我们需要学会“**自我暗示**”。我们可以选择刻意忍耐一件事，暗示自己“我忍住了没做这个，其他事情就能取得成功”。

如果某个人下定决心“工作成功前，决不喝酒”，这个人的工作应该能取得成功。你可能觉得喝酒和工作成功与否没有直接的关系，但事实并非如此。**通过忍耐一些事情，可以加强我们的自我暗示，我们会想“付出了这么多，一定会成功”。**

其实，“邪恶化身”的迪奥在成长为青年前，也一直在隐藏自己的黑暗面，假装自己是一个优秀的学生。为了实现自己“接管继承乔斯达家业”的野心，迪奥通过抑制自己的真实个性，来提高自己“一定要成功”的意识。

如果某人发誓，项目成功之前，决不和女友约会。这个人应该也会取得成功。

因为通过忍耐一些事物，我们会提高自己的干劲；不去忍耐，我们的技能就得不到提高；不放弃一些事物，我们就很难有干劲。

在体育界里，有“立誓”这一说法。大多数选手、教练在立誓的时候都会选择忍耐一些事情。比方说忍住不去喝酒，忍住不去吃自己最喜欢的食物，忍住不去刮胡子，刻意让自己忍耐这种不愉快。这样一来，我们会觉得，我都忍耐了这么多，上天也会来帮我吧。

忍耐和技能的提高没有直接关系，也确实没有因果关系，就像忍住不去喝酒和工作成功没有任何因果联系。但人们确实会变得更有干劲。

荷兰伊拉斯姆斯大学的迈克拉·西珀斯（Michaela Schippers）做过这样一项调查研究，调查对象为197名体育界的顶尖选手，包括足球、排球、曲棍球运动员，调查内容为他们赛前是否有奇怪的举止（为了立誓）。调查结果显示，80.3% 的选手表示“有”。

虽然没有科学根据，但职业选手都会有这样的发现：做了这个举动，自己的技能表现就会更好！

忍住不去做什么，会伴随着痛苦，但忍受这些痛苦，可以锻炼一个人的意志力，自我暗示的效果也会得到提高。

心理策略

▶自我暗示——通过反复地进行某种概念的思考，来暗示自己，激发自己更强的潜能。

39

不知该不该做时，做了，遗憾会比较小

我认为这是『正确』的才这么做，我决不后悔……

——《黄金之风》乔乔系列总第56卷 布鲁诺·布加拉提

<故事背景>

布加拉提为了避免特莉休遭受老板的伤害，决定背叛组织。他的同伴害怕遭到组织的残酷报复而有所动摇，布加拉提没有放弃同伴，他说了上面的一番话。

乔乔的登场人物大多是意志坚定的人，经常出现“没有后悔”这样的台词。除了这里介绍的台词以外，被誉为“沙漠中的沙粒”的砂男也说过“一点都没有后悔”这样的台词。

从心理学上来说，虽然都被叫作**“后悔”**，但后悔其实也有两种，即“做了”的后悔和“没做”的后悔。人们要么后悔自己采取了行动，要么后悔自己没有采取行动，但这两种后悔在本质上有着很大不同。

美国伊利诺伊大学的尼尔·劳斯（Neil Roese）做过一项调查，结果表明，无论是男性还是女性，“做了”的遗憾比“没做”的遗憾要小得多。

也就是说，当你犹豫某件事是做还是不做的时候，“做”就对了。这是因为，尽管做了之后可能会后悔，但我们因此感到的后悔，比没有做的后悔程度要轻很多。

最好懂的案例是爱情。如果你非常喜欢某个人，犹豫要不要向那个人表白。表白被拒，我们肯定会很后悔，会想自己当初就不应该表白。但这样的后悔，过几天就会消失得无影无踪。如果选择“不表白”，可能不管过了几天，过了多少年，我们都会被那种苦闷痛苦的后悔所折磨，“没做”的后悔，会让人一直纠结下去。

再举个例子，有个人想要换工作，最后狠下心来换了工作。他可能会因为自己换工作而后悔。但从心理学上来看，这种后悔程度比较轻。如果他想换工作，想了很多之后，最后还是选择了“不换工作”，这个人可能会后悔一辈子。

当你不知道自己是否应该做某事的时候，应该选择去做。因为不管结果如何，遗憾都会很小。

本杰明·富兰克林说：“一个人做的事情越多，犯的错也就越多，但他没有犯最大的错误，那就是什么都不做。”这句话非常鼓舞人心。

大部分犹豫是否采取行动的人，都是担心自己以后会不会后悔。**但比起做了的遗憾，没做的遗憾会大很多，所以我们可以放心地去做我们想做的事。**

心理策略

▶后悔——包含了对过去行为的否定情绪的思考。研究表明，容易后悔，也与抑郁、神经质、容易担心等性格有关。

40 不要因为一点挫折让一切功亏一篑

有些力量『该是你的就是你的』，不可强求……

——《石之海》第14卷 恩里克·普奇

< 故事背景 >

徐伦等人渐渐逼近普奇神父，普奇神父和他的同伴凡赛思完全不在意即将到来的危机，优雅地一边吃饭一边聊天。尽管凡赛思的替身能力还没有显现出来，普奇神父也依然举止从容。

这是恩里克 · 普奇神父的台词。现实中的我们遇到一点挫折，就可能会选择放弃一切。

这种自暴自弃的心理被称为“**去他的效应**”。这个术语是加拿大多伦多大学的珍妮 · 波立维（Jenny Polivy）和彼得 • 赫尔曼（Peter Herman）创造的。它指的现象是，每当我们遇到一点挫折时，就会想要彻底放弃之前的努力。

比如有一个拼命减肥的人，有一次和朋友一起出去吃饭的时候，自己一下没有控制住，吃了很多东西，之后这个人就会决定放弃减肥，觉得“再减肥也没用了”，并放弃了之前所有的努力，“去他的”这种心理会让人自暴自弃。

如果之前都在努力减肥，即使有这样一次暴饮暴食，影响应该也不会太大。尽管如此，他还是彻底放弃努力，让自己的所有努力都功亏一篑。

根据波立维的调查，戒烟和戒酒也是如此。戒烟的人，哪怕只抽了一根烟，就又会开始每天抽烟；戒酒的人，只要嘴里沾了一点点酒，就会放弃禁酒。

那么，如何能防止这种自暴自弃呢？

波立维提出的建议是，不要给自己制定特别严苛的规则。就算违背了一点规则，也应该对自己宽容。如果不这样做的话，我们就会想要抛弃自己定下的所有规则。

我们只有懂得原谅自己，以一种“偶尔一次而已”的心态来对待自己，才能继续努力下去。

虽然对自己严格是很好的，但我们还是应该放宽一点规则。这样一来，我们就可以继续努力，而不会放弃一切，让自己的努力全都白费。

乔乔第二部的主人公乔瑟夫·乔斯达是个富有“松

弛感”的人，他最讨厌的两个词是“加油”和“努力”。正因为如此，面临绝境时，他没觉得太严重，最后顺利渡过难关。过于认真的人，也许可以学习一下乔瑟夫的“松弛感”。

心理策略

▶去他的效应——是指有一次没能遵守自己做的决定，就会放弃之前所有的努力的现象。

4.1

如果不愉快的事在『预想范围内』的话，就可以承受

或许你会认为预知到坏的未来会让人『绝望』，其实刚好相反！

——《石之海》第17卷 恩里克·普奇

< 故事背景 >

和普奇神父的最后决战开始了，世界在不断地变化，经过了一个轮回之后的世界里，普奇神父对安波里欧说了上面的那一番话。

如果令人不愉快的事情在“预想范围内”的话，我们不会受到那么大的打击，我们会觉得“果然如此”，然后让这件事情过去。

如果我们事先就知道“世界上有很多令人讨厌的人”，即使遇到讨厌的人，我们也不会那么在意。

同样，如果我们事先就知道“世界上并非人人友善”，面对不友善的行为，我们也会觉得没什么大不了的。

马可·奥勒留（Marcus Aurelius）的《沉思录》中有这样一句话，“这世界上没有讨厌的人，那是不可能的。所以，我们最好一开始就不要对这种不可能的事情抱有期待”。

从一开始就想好，可能会发生不愉快的事情。人生就是这样。如果你做好了思想准备，大部分令人不愉快的事情，我们都可以一笑而过。

重要的是，考虑到最坏的情况。如果事先做好了预测，人就不会有那么大的精神压力了。

美国杜克大学的安德鲁·卡顿（Andrew Carton）做过这样一项实验，将 70 名学生分成 35 人一组，让他们在 12 分钟内，尽可能地从文章中找出以“a”开头的单词。在这个过程中，监督员会和他们搭话来干扰他们。其中一组被告知会受到监督员的干扰，这组人事先知道过程中可能会面临精神压力。

调查结果显示，事先知道会被干扰的那一组，平均能找到 144.11 个正确答案，但突然被干扰的那一组平均只找到 125.84 个单词。可能是因为突然被干扰，思维也被打断了。

如果我们一开始就知道会发生这种令人不愉快的事情，我们就可以在一定程度上忍耐这样的事情。

人生不可能是一帆风顺的，把不好的事情放进我们的“预想范围内”。这样一来，我们就不会动摇，也不会受伤。

心理策略

▶预期效应——如果事先预测到了接下来会发生令人痛苦的事，我们可以在某种程度上忍受那种痛苦，这被称为“预期效应”。在精神压力的研究中，进行“压力预测”可以提高我们对压力的忍受能力。

专栏

谈判交涉时运用不同的“脸色”

劝说和谈判时，保持沉着冷静的态度是最理想的，因为只靠和蔼可亲的表情，不足以打动他人。

美国斯坦福大学的马尔旺·新纳西尔（Marwan Sinaceur）曾做过这样一项实验，他将实验对象分成猎头方和求职者，让他们围绕工资、休假等问题进行谈判。

其中一方，其实是预先接受过新纳西尔指导的“托”。“托”按照指示，首先扮演一个易怒的人进行交涉，他经常做出皱眉、敲桌子等行为，从心理上压迫对方。然后“托”再和另一个人谈判的时候，又按照要求扮演一个态度温和的人。谈判结果显而易见，扮演易怒的人，“托”得到的利益更多。

“脸”和“态度”看你怎么用，始终保持一副和蔼的样子，不见得就是最好的。

第5章

看得到“成长”的心理策略

4.2 施加时间压力，催促『马上』行动

姐姐！明天就是现在！

——《幻影之血》第4卷　波克

<故事背景>

波克每次被欺负都会说“明天我会报仇的”，然后一直拖延。但为了打开牢门，他决心潜入乔纳森和最强战士塔尔卡斯战斗的“双头龙之厅”。

大多数人对于自己不想做的事情，都会想“拖延”。他们会一直磨磨蹭蹭的，不开始做。因为本来就不想做，他们可能也有一种“最好能不做”的心态。

美国麻省理工学院的丹·阿里利（Dan Ariely）给大学生们布置了一个课题，希望他们在14周内完成3篇论文。40%以上的学生都把最后一周即第14周设定成了截止日期，没有想要提前完成。从第1周开始动手准备课题的学生仅有2.5%。这一数据表明，“人不被逼到绝境，是不会采取行动的”。

如果我们想着“从明天开始减肥”“从明天开始制作资料”，**按照这种逻辑，基本不存在明天马上要做的事，久而久之，我们会成为一个不断拖延的人。**

这里的波克在被人欺负的时候，也总是说“明天我会报仇”，结果一直拖延。其实，波克本身并没有要报仇的打算，他只是为了给自己找借口，才说“明天去报仇”。我们给别人布置任务的时候也是一样的。领导在要求下属完成工作的时候，尽量给他们一个很短的时间范围，比如“现在马上”“2 小时以内”，不然下属是不会立刻采取行动的。不给对方充裕的时间宽限，给对方施加期限的压力，这被称为“时间压力效应”，将这个效应发挥到极致的做法就是“现在马上去做”。

重要的是发出“现在马上去做”的指令，让他们现在就去做。只有发出命令后，让他们立马去执行，这样他们才会听你的。

想好了，就马上行动。只有这样，才能行动起来。我们应该严禁拖延、推迟！

心理策略

▶时间压力效应——发出指令时，给出“到什么时候截止”的限制时间的方法。

43

勇气激励行动

我要把刻在剑上的这句话送给你！LUCK！（幸运！）让它和你共同奔向未来！PLUCK！（勇气！）

——《幻影之血》第4卷 黑骑士布拉霍

< 故事背景 >

黑骑士布拉霍在与乔纳森的战斗中败下阵来。布拉霍虽然变成了尸生人也没有失去骑士精神，还不忘向对手表示敬意。布拉霍把乔纳森看作“朋友”，并在“LUCK（幸运）”前面用血字加上了P，送给乔纳森一把“PLUCK（勇气）”之剑。

黑骑士布拉霍向乔纳森表示敬意，将战士最重要的“勇气”一词赠送给了乔纳森，乔纳森将“勇气”作为自己行动的动力。

人如果没有勇气，就无法行动。如果你想让别人行动起来，就必须给对方“勇气”。**当人们有了勇气，他们才会想要付诸行动。**

欧洲东北部爱沙尼亚共和国塔尔图大学的安德烈·科卡（Andrey Koka）做了一项调查，调查对象为11岁到15岁的302名儿童，调查结果显示，得到老师表扬和鼓励越多的孩子，“干劲”也就越高。

老师应该做的是，激发孩子的内心，“**给予勇气**”，仅仅传授他们知识是不够的。如果只是传授知识，就不需要老师，让学生自己去读书就行了。

优秀的管理者会鼓励他的下属，给下属勇气。如果下属因工作失败而情绪低落的话，优秀的管理者会安慰下属说“不要太在意”，以免下属失去勇气。相反，差劲的管理者会打击下属的勇气，说“真是用不上你”这样的话。

“我一直都在关注你，非常喜欢你。无论发生什么事，我都站在你这边。”这样简单的话，就可以给下属带来勇气，同时赢得下属的信赖。受到鼓励的下属也会很乐于听从上司的话。

如果有人感叹“我的下属完全不听我的”，不妨扪心自问一下，自己有好好地鼓励下属吗？我们首先要做的是，通过鼓励来建立信赖关系。

如果你自身很难采取行动的话，去找一个会激励你、给你勇气的人，去找一个无论什么时候都站在你这边、鼓励你的人，这样的人肯定是存在的。

斗魂骇客（FF）是《乔乔的奇妙冒险》第六部《石之海》中出现的水蚤，它一直孤身一人。徐伦成了斗魂骇客第一个好友，斗魂骇客也对徐伦产生了好感，斗魂骇客说“只要想到徐伦，我就会有勇气”，最后甚至为徐伦付出了自己的生命。

对你来说重要的人，一定要给予鼓励，给他们“勇气”，让他们信赖你。

心理策略

▶给予勇气——阿德勒心理学的基本概念之一，让人们积极采取行动的重要词语，类似的词语有“积极性反馈”。

44.

刻意将其逼入逆境，促其成长

我是抱着目的来到『严正惩罚隔离房』这个鬼地方的！我一定要实现这个目的，为此决不能让自己有精神耗损！不，我要变得更加坚强！

——《石之海》第7卷 空条徐伦

< 故事背景 >

徐伦引发了越狱等骚动，被关进了“严正惩罚隔离房”。那里只允许囚犯一天有一次淋浴和进食，其他时间没有任何自由。徐伦反将其作为锻炼自己身心的机会。

据说狮子会把幼崽推进千寻之谷来训练它（不知真假）。正因为如此严格，幼崽才能变得坚强，才能茁壮成长。

最近，无论是经济上还是教育上，通过表扬来帮助孩子提高成了主流。我们对下属和孩子的要求也都没有原来那么严格了。

但是，就像宽松教育[一]导致孩子的学力低下问题，教学大纲不得不重新修订一样，无论什么都给予自由，宽松管理孩子的话，人的能力是无法得到提高的。有时

[一] 宽松教育，指日本20世纪80年代以后教育改革的价值取向。主要针对偏重知识的填鸭式传统教育倾向，但也有批评意见认为它导致了教育质量的下降。——译者注

我们也需要像狮子的父母一样的严厉。

澳大利亚昆士兰大学的罗宾·吉利斯（Robin Gilles）针对六所初中做过这样一项实验。他让其中三所初中，尊重学生的自主性，允许学生在自由放任的环境中学习；而剩下的三所初中，让严格的老师进行指导。几个月后，调查了各组的成绩。结果显而易见，接受严厉指导的初中生的成绩更优秀。

有时，为了让人成长，我们必须让其置身于严厉的环境中，忍受痛苦。

我们的身体也是这样。如果你进行运动锻炼，肌肉可能会受到损伤。但如果你想让肌肉变得更好，让肌肉发生“**机械性损伤**”是必不可少的。严格的训练会损伤和破坏肌肉纤维，但之后肌肉会再生。这时肌肉不仅能回到损伤前的状态，还能进一步再生，表现出“肌肉变粗”的现象。这就是所谓的“**超量恢复**”现象。

这同样适用于下属和孩子，如果让他们经历了严峻的考验，不断积累失败的经验，他们就会不断地磨练、提高自己，就像肌肉锻炼一样。

当然，虽说要对他们严厉，但总是说特别冷漠的话，对方只会讨厌我们。就像上一节说的一样，给予他们“**勇气**”，鼓励他们也是非常重要的。

心理策略

▶自由放任主义——任凭各人的自由，不做任何干涉的思维方式或立场，反义词是管理主义。

▶机械性损伤——不是单纯的损伤，而是日后会发生改善的损伤，也被称为“创造性破坏”。

▶超量恢复——肌肉在锻炼后出现的恢复到超过原始状态的现象。

45

借口会阻碍成长

如果这就是我的命运，我愿意接受！

——《幻影之血》第4卷 威尔·A·齐贝林

< 故事背景 >

齐贝林年轻的时候，从自己的老师那里得知了自己会在什么情况下死去的预言。当 50 岁的他看到乔纳森和尸生人战士塔尔卡斯展开生死相搏时，他领悟到“预言的时刻到了”。

有的人只会找借口，而不去采取行动。这种人的口头禅是“但是”。具体来说，比如“但是没有人教我怎么工作”“但是我没有时间”“但是经济不景气”……

只要我们还允许自己找借口，我们就无法成长。

有的人可能会用“就算无法成长也无所谓”来让自己的行为正当化，这样的人是不可能有所成长的。

在乔乔系列中，内心肮脏的人一般都有很多借口。第 3 部登场的钢铁阿丹，他的替身能力“恋人”被认为史上最弱的，每当钢铁阿丹的立场变弱，他就立刻找借口说“是 DIO 威胁我，我是没办法才这么做的”。

意大利巴勒莫大学的玛丽安 · 阿莱西伊（Marian

Alesi）研究发现，阅读能力、计算能力差的孩子都有一个共同特征，那就是“马上找借口”。与学习好的孩子相比，学习差的孩子总是在找各种借口。

齐贝林从老师冬佩地那里得知，自己修炼“波纹法”的代价是，无法摆脱自己残酷死亡的命运。尽管如此，齐贝林还是选择了修炼。

在任何情况下，我们都不应该给自己找借口。我们应该像齐贝林一样欣然接受。

现实中，那些不受女性欢迎的男性也总是找借口，“因为我只有高中毕业”“因为我长得不够帅”……他们总是在找这样的借口。但是，那些受欢迎的人都长得很帅么？没有那样的事。他们接受了自己学历低、长相不好的事实，在与女性接触的过程中积极展现自己的优点，主动和女性接触，最后才得到了女性的欢迎。

找借口的人不去采取行动的原因是“**不合理信念**”。急于找借口的人，往往抱有一些没有根据的信念。如果我们周围有人抱有错误信念，我们应该反复向他指出

“那样的借口是没有根据的”，粉碎他们的错误信念。

心理策略

▶不合理信念——逻辑疗法创始人阿尔伯特·艾里斯（Albert Ellice）创造的术语。这种错误的信念具有如下特征：①不以事实为基础；②不灵活；③无法证明；④不会带来幸福的结果。

4.6 经常对成长进行反馈

只要有信念，对人类来说就没什么是不可能的。人是会成长的！我会做给你看！

——《幻影之血》第5卷 乔纳森·乔斯达

<故事背景>

戴上石鬼面后，迪奥成了超越人类的存在。面对这样的迪奥，乔纳森毫不畏惧地反驳他。

乔纳森无论处于什么样的境遇，都毫不畏惧地前行。但是，大多数人都没有乔纳森那样的意志和精神力量，所以很难做到。为了让自己不断成长，不仅需要自己的意志，还需要“旁人的支持”——心理学上称之为“**社会支持**”或“**社交支持**”。

如果我们想让自己的下属成长到可以独当一面，你觉得需要什么？是他的能力，他的动力，还是他的努力？这些可能也都是必要的，但最根本的条件是，上司不断地保护、鼓励、表扬下属。

如果我们有乔纳森那样的意志力，自己就能激励自己，让自己有动力。但是很多人做不到。为此，我们需要他人大量的鼓励，就像下属需要上司的鼓励。

因此，即使下属稍微有一点点成长，我们也应该积极地给予**反馈**。“工作变利索了”“看得出来在版面设计上下了功夫，资料很好懂”，我们只有经常以这样的方式鼓励下属，他们才会有动力，工作才会更加努力。相反，如果没有得到这样的鼓励，他们是很难激励自己的。

美国得克萨斯州的拉玛尔大学的普拉德·梅耶（Brad Mayer）做过一项调查，研究员工表现与老板反馈之间的关系。调查结果显示，在195名人才派遣公司的员工中，上司越是不断地鼓励，对员工的表现给予积极反馈，他们就越有自信，工作表现也就越好。

此外，美国华盛顿大学的弗兰克·斯莫尔（Frank Smoll）调查发现，少年棒球联盟中，教练经常和孩子们说话的队伍的获胜率为52.2%，而教练不怎么和孩子们说话的队伍的获胜率为46.2%。

只要经常有人来和我们说话，我们就会有动力。我们的内心其实都是非常单纯的，我们会因为别人一句鼓励的话，令自己的成长发生天翻地覆的转变。

心理策略

▶社交支持——人际关系中通过交流实现的支持，鼓励他人采取行动，让人继续努力等。

▶反馈——告诉对方他的优点，以及我们对他们有所期待等被称为“积极反馈”。打消对方积极性的批评、讽刺、侮辱等被称为“消极反馈”。